栗原晴美的今日料理

［日］栗原晴美 著

黄少安 译

青岛出版社
QINGDAO PUBLISHING HOUSE

山东省版权局著作权登记号　图字：15-2018-123

图书在版编目（CIP）数据

栗原晴美的今日料理 /(日) 栗原晴美著 ; 黄少安
译. — 青岛 : 青岛出版社, 2021.6
　ISBN 978-7-5552-8220-4

　Ⅰ. ①栗… Ⅱ. ①栗… ②黄… Ⅲ. ①菜谱—日本
Ⅳ. ①TS972.183.13

中国版本图书馆CIP数据核字（2019）第071914号

LIYUAN QINGMEI DE JINRI LIAOLI

书　　　名	栗原晴美的今日料理
著　　　者	［日］栗原晴美
译　　　者	黄少安
设　　　计	米持洋介（case）
摄　　　影	竹内章雄
造　　　型	福泉响子
摄影助理	吉田奈绪（栗原员工）　木村奈绪美（栗原员工）　小田真树子（栗原员工）
营养计算	宗像伸子
编　　　辑	小笠原章子　草场道子（NHK出版）　中野妙子（NHK出版）
编辑助理	小林美保子　日根野晶子
出版发行	青岛出版社
社　　　址	青岛市海尔路182号（266061）
本社网址	http://www.qdpub.com
邮购电话	0532- 68068091
策划编辑	贺　林
责任编辑	贾华杰
特约编辑	刘　倩
装帧设计	张　骏
照　　　排	青岛乐道视觉创意设计有限公司
印　　　刷	青岛海蓝印刷有限责任公司
出版日期	2021年6月第1版　2021年6月第1次印刷
开　　　本	16开（889 mm×1194 mm）
印　　　张	7.5
字　　　数	210千
图　　　数	208幅
书　　　号	ISBN 978-7-5552-8220-4
定　　　价	59.00元

编校印装质量、盗版监督服务电话 4006532017　0532-68068050
建议陈列类别：生活类　美食类

在平凡的生活中，
不断发现小小的幸福

从我开始烹饪至今，转眼已经有 30 多年了。我从未想过我会成为一名专职的家庭"煮"妇，为家人和我们的朋友准备丰盛的饭菜，并且一做就是这么多年。

在过着这样平凡的日子时，有一天，《今日料理》栏目的制作人员找到我，邀请我录制介绍各种料理的做法的电视节目。虽然我每次都紧张得不行，但我还是努力完成了录制工作。在《今日料理》栏目开播 60 周年之际，我介绍过的料理有幸被编辑成书与大家见面，这是一件很幸运的事情。本书中的这些菜品，真的就是我在家里常做的。每一次在餐桌上摆满丈夫和孩子喜欢的料理，我都禁不住心生喜悦之情。

我总是在思考：如何才能充满干劲又幸福地度过每一天？我后来发现，不放过生活中的每一个点滴灵感，将想法用心记录在笔记本上并付诸实践，这样，生活就会充满幸福感。烹饪就是幸福感的来源之一。比如，要做日料中很常见的鲜姜风味烤猪肉，如何才能做得更好吃呢？带着这样的问题不断尝试，就会发现许多制作美味料理的要点，如"冷冻肉要在室温下解冻""用肩胛里脊肉最合适""要先将较厚的肉拍打至变薄"等等。特别是家人喜欢的料理，为了让它们的味道变得更好一点，我更是不断尝试。

同一种料理，经过无数次的反复烹饪，你一定会有新的发现。我想这就是平凡生活中的小幸福。无论多么小的一件事，只要你用心努力去做，就会深深体会到它的意义。

目录

点缀餐桌的小菜

宴以家常

简单不费力的糕点

后记 / 114

本书的使用方法

○书中所述计量单位为 1 杯 =200 ml、1 大勺 =15 ml、1 小勺 =5 ml。

○材料表下方的 E 为热量，T 为烹饪时间。若无特殊说明，E 的数值为一人份的热量。

○书中所述高汤，若无特殊说明，则为鲣鱼高汤或海带鲣鱼高汤。

○请在充分阅读各生产商的使用说明书后正确使用烹饪器具。

○使用微波炉加热金属及带有金属部件的容器，非耐热玻璃容器，漆器，木质、竹质、纸质的容器，耐热温度不足 140 ℃的树脂容器，等等，会引发设备故障及安全事故，请充分注意。

○书中所述微波炉加热时间为功率 600 W 时所需的时间。若功率为 700 W，请将时长调整为 0.8 倍；若功率为 500 W，则请将时长调整为 1.2 倍。

※ 本书为日本放送协会（NHK）《今日料理》（きょうの料理）栏目台本改编书籍，并非节目收看配套书籍。

栗原晴美　料理家

　　多年来，她为丈夫和两个孩子烹饪的料理引起了大众的共鸣，得到了大众的喜爱，她也因此活跃在多家杂志与电视媒体上。她不仅为大家分享烹饪方法简单且美味的料理，介绍好用的烹饪用具，更是注重每一天的日常生活，给出了很多享受生活的提案，获得了不同年龄的读者与观众的广泛支持。

十佳人气料理

从栗原女士参与录制工作至今,《今日料理》节目中介绍过很多她的料理。现在,我们将从中甄选出的人气最高的 10 种料理介绍给大家。

No.1 炒煮藕块猪肉片

很开心大家能喜欢这道料理。当听说这道料理被选为最受欢迎的料理时，连我自己都特别惊讶。猪肉与藕的搭配其实非常普通，而且这道料理使用的食材很少，烹饪方法也十分简单。首先，将藕去皮，切成扇形的块，方便食用。其次，准备好涮肉用的猪肉片。这道料理中猪肉片的厚度十分重要。最后，将藕块与猪肉片炒过之后用甜辣口的汤汁充分熬煮。这道料理刚出锅的时候味道鲜美，冷藏之后风味依旧，所以经常会被放到孩子们的便当里。根据季节，我会把藕换成竹笋或牛蒡。我希望能一直像制作这道料理一样，利用身边最常见的食材，简单地烹饪出各种美味料理。

材料　4 人份

猪肉片（肩胛里脊，涮肉用）……200 g

藕……450 g

色拉油……1 大勺

A | 酱油……$3\frac{1}{2}$ 大勺

　| 砂糖……2 大勺

　| 味酥……1 大勺

E 230 千卡　T 15 分钟

做法

1. 将藕去皮，切成厚约 3 cm 的扇形的块，用水冲洗后将其擦干。猪肉片切成方便食用的大小。

2. 将 1/2 大勺色拉油倒入锅中加热，放入猪肉片翻炒，炒熟后盛出。

3. 锅中加入 1/2 大勺色拉油加热，放入藕块翻炒。待藕块略带透明后，重新放入炒好的猪肉片，再加入混合好的 A 料，煮至充分收汁即可。

No.2 凉拌麻酱茄子

这道料理的妙处在于茄子的预处理。这一次我们不是先将茄子炸过或者炒过，而是先把它用微波炉加热再蒸制。这样处理后，茄子不仅口味清爽，而且略带嚼劲，口感恰到好处。

将茄子放凉之后浇上芝麻酱料，1 人份的话 1 个茄子可能不够，喜欢香辛料的我通常还会拌进去一些襄荷和绿紫苏叶。

材料　4 人份

茄子……4 个（350 g）

襄荷……2 个

绿紫苏叶……适量

芝麻酱料

白芝麻酱……2 大勺

砂糖……2 ~ 2$\frac{1}{2}$ 大勺

酱油……2 大勺

酒、醋……各 1 大勺

白芝麻粉……2 ~ 3 大勺

E 110 千卡　T 15 分钟①

①放入冰箱中降温的时间除外。

做法

1. 将茄子去蒂，纵向切成两半，用水浸泡 3 分钟后沥干。在耐热器皿里铺好厨房纸巾（微波炉专用），放入茄子后用保鲜膜密封，用微波炉（600 W）加热 4 ~ 5 分钟。加热结束后继续保持密封状态，将茄子闷一会儿。将茄子取出后横向对半切开，再纵向切成薄片。将茄子片用加热时的厨房纸巾包裹，轻轻挤干水后放入冰箱中降温。

2. 襄荷切成小片，绿紫苏叶切成细丝。往白芝麻酱中依次加入制作芝麻酱料的其他材料，充分搅拌。

3. 将冷却好的茄子片装盘，浇上芝麻酱料，撒上襄荷片与绿紫苏叶丝。

章鱼番茄沙拉

这是一道偶然诞生的料理，制作灵感源于有一日我在冰箱里发现了很多剩余的青椒与荷兰芹。

第一次做完这道沙拉时，我还担心荷兰芹会不会放得太多了，然而事实上，荷兰芹的香味四溢，使这道料理意外地大受好评。

将食材切好后放入冰箱中冷藏，直到食用前再拿出拌好，这样，这道料理的口味会更佳。

材料　4人份

煮熟的章鱼腕足……200 g

番茄……3 个（250 g）

洋葱……1/4 个

青椒……2 个

荷兰芹（去茎）……25 g

盐、胡椒粉……各适量

A	橄榄油……3 大勺
	白葡萄酒醋……2 大勺
	香醋……2 大勺
	薄口酱油……1 小勺
	柠檬汁……1 大勺

E 170 千卡　T 15 分钟①

①放入冰箱中冷藏的时间除外。

做法

1. 将煮熟的章鱼腕足切成 1.5 ~ 2 cm 见方的块，番茄切成 2 cm 见方的块。洋葱、青椒、荷兰芹切成碎末。将切好的食材放入冰箱中冷藏。

2. 将 A 料倒入大碗中混合搅拌，再放入洋葱末。

3. 食用前将章鱼腕足块、番茄块、青椒末、荷兰芹末加入步骤 2 的材料中，并用适量的盐和胡椒粉调味即可。

材料 4人份

鸡腿（去骨取肉）①……2 根

淀粉糊、煎炸用油……各适量

色拉油……1/2 ~ 1 大勺

酒、酱油……各 1/2 大勺

葱花酱

大葱……1 根

红辣椒（去籽后切成碎末）……1 ~ 2 个

A 酱油……1/2 杯

酒……1 大勺

醋……2 大勺

砂糖……$1\frac{1}{2}$ 大勺

E 400 千卡 T 30 分钟

①将鸡腿肉从冰箱中取出，放置至室温后烹饪。

No.4 葱油炸鸡

这是一道我已经烹饪了 30 多年的料理。

父亲不爱吃鸡肉，我便尝试为父亲做一道他可能会喜欢的鸡肉料理。这是我研发这道料理的初衷。

也正是因为父亲，我那种要把这道料理做得更美味的意愿变得愈发强烈。

如今我知道了，鸡肉炸两遍会更加酥脆，这道料理也会变得更加可口。

做法

1. 将大葱切成较大的末。
2. 用叉子在鸡腿肉的鸡皮上插孔，并将鸡腿肉切成块，然后倒入酒和酱油腌制，使鸡块入味。
3. 将鸡块裹上淀粉糊（淀粉糊裹得越厚，成品口感越佳，葱花酱也能更好地渗入）。
4. 将煎炸用油加热至 180℃，将步骤 3 的鸡块放入油锅中炸 2 ~ 3 分钟。将鸡块捞出后将油沥干，再放置 4 分钟，利用余温继续给鸡块加热。
5. 再次将煎炸用油加热至 200℃，把步骤 4 的鸡块放入油锅中炸 1 ~ 2 分钟（炸的过程中要将鸡块反复从油锅中捞出，使其与空气接触），炸好后捞出，将油沥干。（图 a）
6. 调制葱花酱。将 A 料放入大碗中混合，搅拌均匀。在另一个小锅中倒入色拉油加热，将葱末与红辣椒末放入锅中轻轻翻炒，加入混合好的 A 料，稍加热后立即关火（注意葱末不能加热过度，要保留恰到好处的清脆口感）。（图 b）
7. 将鸡块切成便于食用的大小后装盘，浇上葱花酱即可。

腌渍什锦菌菇

　　这是一道我刚做料理家时研发出来的料理，本来我都已经将它忘了，没想到它能被大家选中。时隔多年我再次做了这道料理，它的味道果然不错。这么长时间了，它能被大家一直记着，我很开心。

材料　4人份

葱花肉汤

大葱（切末）……1根（80 g）

醋……5 大勺

酱油……2 大勺

砂糖、味醂……各 1/2 大勺

盐、黑胡椒粉（粗颗粒）……各少许

A　┃ 颗粒状速食汤料（西式）……1/2 小勺
　　┃ 开水……1 大勺

杏鲍菇、香菇、双孢蘑菇……各 150 g

大蒜（切末）……1 瓣

柠檬片……适量

橄榄油……4 大勺

黑胡椒粉（粗颗粒）……适量

E 160 千卡　T 15 分钟

做法

1. 制作葱花肉汤。将 A 料混合，搅拌至汤料化开，再倒入葱花肉汤除葱末以外的其他材料搅拌，最后加入葱末拌匀。

2. 将杏鲍菇纵向切成 3 ~ 4 等份。香菇和双孢蘑菇均去蒂后切成两半。

3. 往煎锅中倒入橄榄油加热，加入蒜末翻炒，待散发蒜香后，倒入步骤 2 中的菌菇煎炒。

4. 通过翻炒让全部菌菇上裹满橄榄油，再倒入步骤 1 的葱花肉汤并关火。将煎锅里的材料充分搅拌后盛入容器内，撒上适量黑胡椒粉，配上柠檬片。

No.6 鲜姜风味烤肉

我的丈夫玲儿特别爱吃鲜姜风味烤肉，因此我们结婚之后，我经常做这道料理。在反复烹饪的过程中，通过改变肉片的厚度、腌渍入味的时间、生姜的研磨方式等，我逐渐发现了让这道料理更美味的诀窍。因此，我也有信心让这道料理被大家喜欢。在我们家，冷藏后的鲜脆卷心菜丝是这道烤肉必不可少的配菜。

材料　4人份

猪肩胛里脊（切薄片）①……300 g

卷心菜……适量

色拉油……1 ~ 2 大勺

鲜姜烤肉酱

	姜泥……1 大勺
A	酱油……4 大勺
	味醂……3 大勺

E 260 千卡　T 20 分钟

①肉片厚度以 2 ~ 3 mm 为宜。从冰箱中取出，放置至室温后烹饪。

做法

1. 将卷心菜切成细丝，用冰水洗净后充分沥干，放入冰箱里冷藏。

2. 在平底盘里倒入混合后的 A 料，加入姜泥搅拌均匀，制成鲜姜烤肉酱。将猪里脊一片片展开后放入酱汁中浸泡 2 ~ 3 分钟，使其入味。（因为肉比较多，所以可以将猪里脊片分 2 ~ 3 次煎烤，每次浸泡也只放入 1 次可以煎烤的肉量。）

3. 往煎锅中倒入色拉油，用大火加热，将腌渍好的猪里脊片稍稍沥干后平铺在煎锅里（每片猪里脊都不要重叠）。

4. 将猪里脊片煎烤 30 秒至 1 分钟，烤至呈焦黄色后翻面，再煎烤 30 秒。（煎烤时间不能过长，否则猪里脊容易变硬。）

5. 将煎锅洗净后，用同样的方法烤制第二批猪里脊片。全部烤制完成后装盘，配上步骤 1 备好的卷心菜丝。

No.7 猪肉小松菜浇汁烤面

结婚之后，我做的第一道得到丈夫玲儿表扬的料理就是这道烤面。迄今为止，我做这道菜的次数已经数不清了。烤面外焦里嫩，再浇上热乎乎的浇头，美味十足，朋友们吃过后也都赞不绝口。

其实，做好这道料理的关键在于步骤安排：将面条轻轻散开煎烤，在烤面条的同时做好浇汁。若能恰到好处地掌握好每一步的火候，那做出来的料理一定味道可口，不输餐馆做的。

材料　3～4人份

中式面条……3团
猪肉片……150 g
小松菜……1把（约350 g）
水煮竹笋……1个（80 g）
干香菇（泡发）……4朵
生姜（切碎）……1块
大蒜（切碎）……1瓣
大葱叶……5～6 cm
芥末酱……少许
色拉油……4大勺
盐、黑胡椒粉（粗颗粒）……各少许
芝麻油、醋……各适量
A 　汤①……2杯
　　酱油……2大勺
　　蚝油……2大勺
　　绍兴酒（或其他白酒）……2大勺

水淀粉

　干淀粉……2大勺
　水……2大勺

E 500 千卡　T 35 分钟②

① 2小勺颗粒状速食鸡汤汤料（中式）
　溶解于2杯开水中制成。

② 干香菇泡发时间除外。

做法

1. 大葱叶纵向切成2～3等份。小松菜切成5～6 cm长的段，并将叶和茎分开。水煮竹笋切成细条。香菇轻轻攥干，去蒂后切成薄片。猪肉片切成方便食用的大小。

2. 将干淀粉放入水中，搅拌均匀，制成水淀粉备用。

3. 用手轻轻将中式面条一根一根散开（将面条仔细散开，可以使每一根面条都均匀受热，做出来的炒面便会外焦里嫩）。（图a）

4. 将1大勺色拉油倒入煎锅中以中火加热，待油烧热后将火微微调小，放入中式面条（不需要翻炒）。待面条一面烤至焦黄后，轻轻将其打散至呈蓬松状，翻面继续煎烤，同时添加1大勺色拉油。煎烤期间时不时用筷子将面条散开，避免结块。煎烤15～20分钟，直到面条每一部分都变得焦黄。煎烤过程中根据面条颜色的变化，随时调整火候（小火至中火）。

5. 利用煎烤面条的时间做好浇汁：往锅中倒入混合后的A料，开火加热。

6. 准备另一个较深的煎锅，倒入2大勺色拉油，中火加热，加入姜碎、蒜碎、大葱叶，翻炒至散发香味。加入猪肉片，撒上少许盐、黑胡椒粉，再依次加入水煮竹笋条、香菇片、小松菜段，迅速翻炒，然后加入热好的浇汁，煮沸后倒入步骤2的水淀粉勾芡（图b），装盘之前浇上适量芝麻油调味。

7. 将步骤4中的面条均匀散开装盘，浇上步骤6炒好的食材，配少许芥末酱，根据个人喜好还可适量添加醋。

a

b

No.8 鸡肉火腿

因为想让家人吃到自己亲手做的手工火腿，于是我开始研究火腿的制作方法。在尝试了很多次之后，我终于成功了。

鸡胸肉的风味凝结在一起，所以火腿口感柔软，还能让人感受到一股鸡肉的香甜。

这道鸡肉火腿可切片即食，也可拌在土豆沙拉里食用。

刚刚做好的时候鸡肉火腿风味最佳，所以一定要尽早食用。

寿司醋风味嫩菜叶沙拉的制作方法　便于制作的分量

在大碗中倒入1大勺寿司醋，再一点点地加入2大勺橄榄油，用打蛋器充分搅拌，使混合物乳化。然后加入少许盐、胡椒粉，最后加入约100 g洗净并沥干的嫩菜叶搅拌。蔬菜和调味汁均匀混合后便可装盘了。

E250千卡（全部）　T5分钟

材料　便于制作的分量

鸡胸肉（新鲜）……2块（600 g）

寿司醋风味嫩菜叶沙拉（参照左下方说明）……适量

砂糖……2小勺

盐……1/2大勺

E 650千卡（沙拉除外的全部分量）

T 3小时15分钟①

①将鸡胸肉放入冰箱中定型的时间除外。

※ 制作过程中请务必使用耐热温度100℃以上的保鲜膜、拉链式保鲜袋。

做法

1. 将两块鸡胸肉分别去除皮和脂肪后，在肉质较厚的部位斜切几刀，整理成厚度均匀（约为2 cm）的片。然后在鸡胸肉片上撒上砂糖、盐，并充分揉匀。

2. 将步骤1的鸡胸肉片放进拉链式保鲜袋中，然后放入冰箱中冷冻3小时以上，使其定型。

3. 从冰箱中取出鸡胸肉片，拿厨房纸巾擦去外部水珠，放置至恢复室温（鸡胸肉的温度太低的话，在步骤7时很难加热），然后将两片鸡胸肉叠放在展开的保鲜膜上。（图a）

4. 将鸡胸肉片卷成直径7～8 cm的圆筒状，用保鲜膜紧紧包裹定型，并将保鲜膜两端拧紧，用结实的线系好。（图b）

5. 将步骤4处理好的材料竖立放置，轻轻按压顶部，使其成为火腿的形状。（图c）

6. 将步骤5处理好的材料再一次卷紧保鲜膜，并将其放进拉链式保鲜袋中，排出空气，将袋口封紧。

7. 准备一个锅壁较厚、深度较深且保温性良好的煮锅，倒入满满的开水（4.5 L以上，水量太少的话，鸡胸肉无法充分受热），烧开后放入步骤6处理好的材料（注意不要让保鲜袋接触到锅壁），盖上锅盖，关火，保持这样的状态放置约3小时（鸡肉火腿中心温度达到63℃以上的状态须保持30分钟以上）。（图d）

8. 从锅中取出鸡肉火腿。（图e）

9. 去掉保鲜袋和保鲜膜，将鸡肉火腿根据个人喜好切厚度适宜的片（切的时候确认鸡肉火腿中心是否也充分受热。如果发现中心的肉还呈血红色，那么可将鸡肉火腿放入600 W的微波炉中适当加热）。（图f）

10. 装盘，将鸡肉火腿片摆放至寿司醋风味嫩菜叶沙拉上。

No.9 简易叉烧肉

a　　　b

说到做叉烧肉，可能很多人都会觉得麻烦。但我现在介绍的，是一道只需要用小小的煎锅就可以轻松烹饪出的叉烧肉，有兴趣的话请一定要尝试一下。我的丈夫无论是吃炒饭还是吃拉面，都一定要配上叉烧肉，因此我通常会在周末一次性做好一周的量的叉烧肉存放起来。

材料　便于制作的分量

猪肩胛里脊（块状）①……300 g

生姜……1 块

大蒜……1 瓣

酸橘（对半切开）……适量

芥末酱……适量

辣白菜（参照 p.75）……适量

盐……1/2 小勺

色拉油……少许

酱料

| 酱油、砂糖……各 1 大勺
| 蚝油……1/2 大勺
| 绍兴酒（或其他白酒）……1 小勺
| 肉桂条（根据个人喜好加入）②……1/2 条
| 八角（根据个人喜好加入）③……1/2 个

E 830 千卡（除配菜外的全部分量）　T 45 分钟④

①从冰箱中取出后放置至室温。如果肉较扁平，可以用结实的线将其绑成块状，更易烹饪。

②香甜的香料，常用于制作点心，和肉类料理也很搭配。

③具有独特香甜味道的香料，中式料理中常用它来提香。

④腌渍入味、散热的时间除外。

做法

1. 将盐均匀地抹在猪里脊块上，腌制 10 钟之后用厨房纸巾擦去渗出的水。生姜与大蒜用菜刀拍碎。

2. 在小碗中调制酱料，根据个人喜好加入肉桂条、八角等香料。

3. 准备一个直径较小且深度较深的煎锅（或者普通煮锅），往锅里倒入少许色拉油加热，放入生姜、大蒜，再放入猪里脊块用中火煎烤 3 分钟左右，翻面继续煎烤约 2 分钟。因为猪里脊块较厚，所以侧面也要煎烤至焦黄。（图 a）

4. 当猪里脊块整体上色后，调至小火并盖上锅盖，继续煎烤 8 ~ 10 分钟，煎烤期间翻动 2 ~ 3 次。待煎烤至八成熟时将猪里脊块盛出，同时捡出生姜、大蒜。

5. 用厨房纸巾擦去煎锅中残留的油脂，迅速倒入步骤 2 的酱料并以中火加热，加热至稍稍呈黏稠状后放入步骤 4 的猪里脊块，继续熬煮 3 ~ 5 分钟并经常翻动，确保酱汁均匀裹满整块猪里脊。（图 b）

6. 将猪里脊块盛出，放置至不烫手后切成方便食用的片，装盘。将煎锅中残留的酱汁再次加热后浇到猪里脊片上。可搭配酸橘、芥末酱、辣白菜等食用。

No.10 芹菜肉丸

我特别喜欢吃芹菜，在我家的冰箱里也总能看到芹菜，所以我便开始思考如何把芹菜放进日式料理里。后来，在做日式丸子的时候，我就放入了很多芹菜。

咬一口做好的丸子，没想到里面切成较大丁的芹菜竟然能如此可口，大家都惊讶不已。

芹菜与酱油的搭配相得益彰，而且芹菜加热后口感依然清脆。今后我还会尝试做更多加入了芹菜的日式料理。

材料　12 个

混合肉末……300 g

芹菜……1 棵（食用部分 100 g）

洋葱……1/4 个

酸橘（每个都纵切为 4 等份）……适量

七味粉、山椒粉……各适量

色拉油……少许

A｜面粉……1 大勺
　｜酒……1/2 大勺
　｜盐……1/4 小勺
　｜胡椒粉……少许

甜辣酱
　｜酱油……1/4 杯
　｜味酥……1/4 杯
　｜砂糖……2 大勺

E 90 千卡（1 个）　　T 30 分钟

做法

1. 制作甜辣酱。向小锅中倒入甜辣酱的材料，以中火加热。煮沸后调至小火继续加热约 5 分钟，煮至稍稍黏稠后关火。

2. 将芹菜去筋，切成 6 ~ 8 mm 见方的丁。洋葱也切成 6 ~ 8 mm 见方的丁。（为了突出芹菜与洋葱的口感，因此将它们切得较大。）

3. 将肉末放入碗中，加入混合好的 A 料，揉捏搅拌 2 ~ 3 分钟。待肉末变得有黏性后加入芹菜丁与洋葱丁，再次搅拌均匀。

4. 将全部肉末混合物分成 12 等份，每一份都揉成直径约 3 cm 的肉丸。

5. 向煎锅中倒入少许色拉油加热，放入肉丸，用大火煎 1 ~ 2 分钟，调至小火继续煎 3 ~ 5 分钟，以保证肉丸内部也充分受热。

6. 将每 2 ~ 3 个肉丸串成一串，装盘，浇上步骤 1 的甜辣酱，配上酸橘块。根据个人喜好，还可撒上适量七味粉和山椒粉。

除了搭配甜辣酱之外，芹菜肉丸还有着千变万化的食用方法，如搭配盐和芥末，或者搭配萝卜泥和柚子醋酱油。

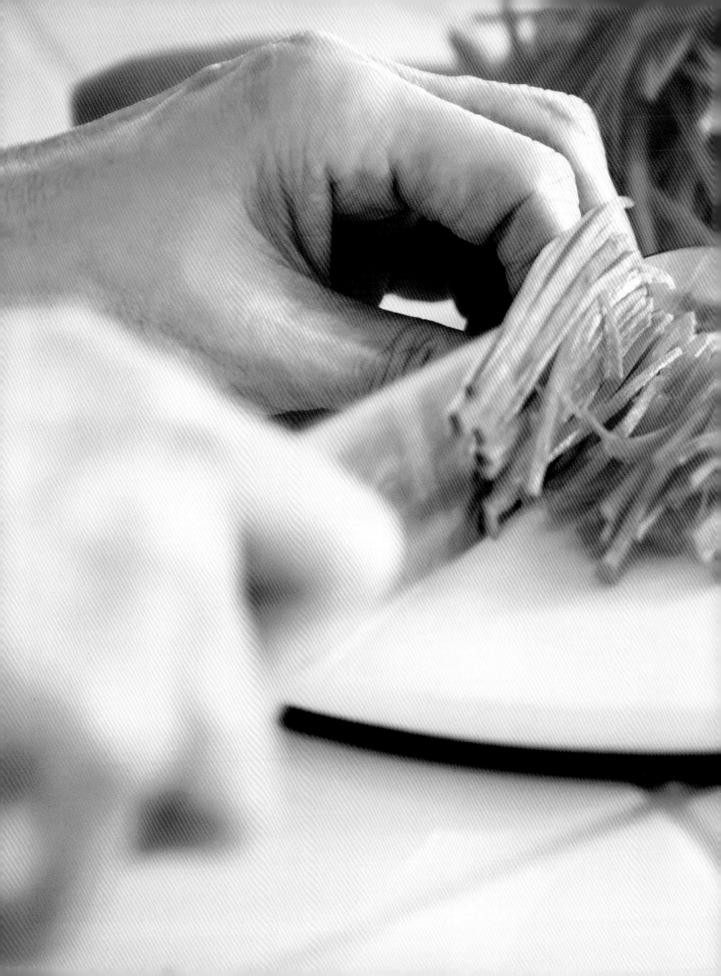

从未间断的
自制美食

　　我结婚已有 45 年。结婚之初，我丈夫玲儿一边教我，一边开心地和我一起做饭。自从我们有了孩子之后，做饭这件事就变得更加快乐了，我也慢慢地摸索出了几道大家都爱吃的料理，比如金枪鱼胡萝卜沙拉、芹菜风味水煮银鳕鱼、南蛮醋腌鲑鱼等等。

　　这些料理，每一道都珍藏着我的回忆。比如，某一天我突然发现冰箱里有太多剩的胡萝卜，从而想到了做胡萝卜料理；为了满足爱吃芹菜的好朋友，从而试着将芹菜放进煮鱼料理里。我怀着一种"或许这样做会是一道美味的料理呢！"的探索之心反复尝试，便有了这些自制料理的诞生。

　　我希望玲儿喜欢我做的饭菜，希望在孩子们不开心或者生病的时候我能给他们做他们喜欢吃的料理。只要家人开心，我就会很开心，这是我投身烹饪事业的初心，我也一直带着这样的心情烹制每一道料理。

金枪鱼胡萝卜沙拉

有一天我在冰箱里发现了很多剩的胡萝卜，于是灵机一动想出了这道料理。

用切得极碎的蒜末与洋葱末、白葡萄酒醋、柠檬汁、芥末粒来调味，这在当时是相当时尚的搭配。为此我还得意了好一阵。

材料　4 人份

胡萝卜（大）……1 根（食用部分 250 g）

金枪鱼（罐头装，油浸型）

　　……1/2 罐（约 30 g）

洋葱末……2 大勺

蒜末……1 小勺

色拉油（或橄榄油）……1 大勺

盐、胡椒粉……各少许

A　白葡萄酒醋……1 大勺

　　柠檬汁……1 大勺

　　芥末粒……1 大勺

E 80 千卡　T 15 分钟

做法

1. 将胡萝卜去皮，切成 5 ~ 6 cm 长的细丝，放入耐热器皿中。将金枪鱼肉从罐头中取出，沥干。

2. 向步骤 1 的耐热器皿中倒入洋葱末、蒜末和色拉油，轻轻搅拌均匀。

3. 用保鲜膜罩住耐热器皿，将器皿放入微波炉中（600 W）加热 70 ~ 80 秒（如果想要胡萝卜的口感更加柔软，加热时间可以延长 10 秒）。

4. 取出耐热器皿，揭下保鲜膜，放入金枪鱼肉，并按顺序依次加入 A 料中的材料，充分搅拌。撒上少许盐与胡椒粉调味，再次搅拌均匀。

喜欢芥末粒的读者可以适量多加一些。

材料　4 人份

黄瓜……4 根（400 g）

金枪鱼（罐头装，水浸型）

　　……1 罐（55 g）

生姜……30 g

盐……1 小勺

甜醋汁

　醋……1/2 杯

　砂糖……2 大勺

　盐……1/2 小勺

　鲜榨酸橘汁……1 大勺

E 50 千卡　T 15 分钟

做法

1. 将黄瓜去掉两头后纵向切开，用小勺挖出籽，再斜切成厚约 3 mm 的片放入碗中，撒上盐，放置 5 ~ 10 分钟入味。

2. 将金枪鱼肉从罐头中取出，充分沥干，轻轻打散。生姜切成细丝。

3. 将甜醋汁的材料全部倒进碗中，充分搅拌直至砂糖与盐溶解。

4. 用棉巾包裹步骤 1 的黄瓜片，将水充分攥干。（图 a）

5. 将黄瓜片装盘，摆成一个倒扣的碗状，然后依次铺上金枪鱼肉、姜丝，将步骤 3 的甜醋汁沿着食材的边缘淋一整圈。

※ 无论是沙拉还是甜醋汁，在冰箱中冷藏后都会风味更佳。将黄瓜换成白萝卜或胡萝卜也同样美味。

a

将黄瓜去籽、攥干多余的水，可以让黄瓜的口感与味道更佳。

甜醋黄瓜沙拉

　　我虽然经常做各种醋渍黄瓜的料理，但它们看上去都很单调。我便想要做一种大家一眼看到就想要去品尝的黄瓜料理。于是我尝试着在香脆的黄瓜上摆上许多松散的金枪鱼肉和姜丝，让这道料理看起来就像蛋糕一样。

　　哪怕是和平时一样的料理，只要在装盘方式上下一些功夫，它的外观与味道就会发生改变，让人感到新鲜。

泰式粉丝沙拉

在我们家，我丈夫玲儿喜欢吃泰国料理，加上我又特别喜欢香菜和鱼露的味道，因此我会经常做一些泰式料理。

这道将醋与酸橙的酸味发挥得淋漓尽致的沙拉，是我时不时就会想吃的一道料理。事先细心地加工处理粉丝与虾仁，会给这道料理的美味加分哟！

材料　4 人份

小虾（冷冻，去头，带壳）
　……12 只（150 g）
干粉丝①……100 g
紫洋葱……1/4 个（50 g）
黄瓜……1 根
香菜（仅取茎，切碎）……1 棵
生姜（切成薄片）……3 ~ 4 片
香菜叶、酸橙……适量

盐、胡椒粉……各少许
芝麻油……1 ~ 2 大勺
A｜醋……5 大勺
　｜鱼露……1 大勺
　｜砂糖……2 大勺
　｜鲜榨酸橙汁……3 ~ 4 大勺

E 180 千卡　T 20 分钟
①这里使用的为绿豆粉丝。

做法

1. 将紫洋葱切成细条。黄瓜纵向对半切开，用小勺挖去籽，并斜切成薄片。

2. 将小虾一边用流水洗净，一边解冻。保持小虾带壳的状态，用牙签挑出其背部的虾线。向锅中加入深度刚好可以没过小虾的开水并煮沸，倒入香菜茎碎、姜片与小虾后立即关火。盖上锅盖，放置 10 分钟，用余温将食材闷一会。待小虾充分受热后将其捞出，去掉虾壳及尾部，沥干。

3. 将干粉丝放入煮沸的水中一边弄散一边加热 2 ~ 3 分钟，泡发好后用笊篱捞出，将水沥干后放进碗中，盖上保鲜膜放置 1 ~ 2 分钟。（图 a）

4. 揭下保鲜膜，将粉丝连碗一起放入冰水中降温，片刻后取出粉丝，再将其切成方便食用的长度。

5. 另取一个小碗放入混合好的 A 料，搅拌均匀。

6. 向大碗中倒入粉丝、虾仁、紫洋葱条和黄瓜片，搅拌，再加入步骤 5 的汁料混合均匀。撒上少许盐、胡椒粉调味，倒入芝麻油提香。装盘后撒上切碎的香菜叶，并将酸橙汁挤在沙拉上。

粉丝不要加热太久，而要靠开水的余温泡熟，这样粉丝的口感才会恰到好处。

材料　芝麻口味、葱香口味各3个

芝麻口味

| 藕……1 节（食用部分 100 g）
| 糯米粉……100 g
| 干木耳……3 g
| 白芝麻……适量

葱香口味

| 藕……1 节（食用部分 100 g）
| 糯米粉……100 g
| 小葱……30 g

豆瓣酱、辣油、醋、酱油……各适量
盐、色拉油、芝麻油……各少许
E 180 千卡（1 个芝麻口味藕饼）
E 160 千卡（1 个葱香口味藕饼）
T 25 分钟①
①泡发干木耳的时间除外。

藕饼

　　我喜欢吃蔬菜，对藕尤其情有独钟，所以我经常在做各式料理时使用藕。在中国的广式早茶中经常出现的萝卜饼，若是用藕来做味道会怎样呢？这个想法一出现，我马上就行动起来，尝试着做了藕饼。没想到它有着藕的香气与软糯的口感，竟然像年糕一样可口。

　　这道料理我分享了芝麻口味与葱香口味两种，请务必都尝试一下，你会发现不同的美味哟！

做法

1. 将干木耳浸泡在水中，泡发后将水沥干，去掉坚硬的部分，再切成细丝。将所有的藕都洗净，去皮，再研磨成泥状。小葱切碎。

2. 向碗中倒入芝麻口味藕饼所需的糯米粉，再倒入一半研磨好的藕泥，用勺子搅拌均匀（如果材料在搅拌过程中变得较硬，则可以加入少量的水）。

3. 加入木耳丝和少许盐继续搅拌，搅拌至材料可以用手揉成形，即成藕糯米团。葱香口味藕饼的做法与之相同，在这一步改为加入葱碎搅拌即可。

4. 将两种口味的藕糯米团各分成 3 等份，揉捏成圆饼状。给芝麻口味藕饼的一面沾上白芝麻。（图 a）

5. 将少许色拉油倒入煎锅中加热，放入步骤 4 的藕饼，用小火先将一面煎烤 8 ~ 10 分钟，直到散发出香味且颜色变得焦黄，再翻面煎烤 5 ~ 10 分钟。芝麻口味的藕饼要先煎烤有芝麻的那一面。

6. 根据个人喜好，撒上少许芝麻油，待藕饼表面变得焦黄即可装盘。可以配上豆瓣酱，或是用辣油、醋、酱油调制成蘸料，用藕饼蘸食。

a

将芝麻口味藕饼的一面放进装有白芝麻的盘中，轻轻按压藕饼使那一面沾上芝麻。

从烤箱中取出，
趁着土豆热气腾腾的
时候端上餐桌。

奶酪焗土豆

这是一道我们全家人都爱吃的料理。在工作很忙的时候，做白色调味汁可能比较麻烦，而这道奶酪焗菜，无须亲自制作白色调味汁便可轻松做出，十分方便。这道料理成功的关键在于用微波炉将土豆片加热到变得十分柔软。我在我的孩子们还小的时候就经常做这道料理，所以这道料理里都是我和家人在一起的回忆。

材料　4 人份

土豆……3 个（400 g）

大葱……1 ~ 2 根（120 g）

鳀鱼（切片）……2 ~ 3 片（8 g）

鲜奶油……1 杯

奶酪[①]……100 g

盐……1/3 小勺

黑胡椒粉（粗颗粒）……少许

E 360 千卡　T 35 分钟

①这里使用的是格吕耶尔干酪与帕尔马干酪制成的混合奶酪屑，如果无法买到，使用比萨专用奶酪亦可。但请注意，在使用比萨专用奶酪时，要将奶酪切得稍粗些。

准备工作

·将烤箱预热至 200℃。如果先使用微波炉加热土豆，则在将土豆放入微波炉后，再将烤箱预热至 200℃。

做法

1. 将土豆去皮，切成 6 ~ 7 mm 厚的圆片，用水浸泡 1 ~ 2 分钟后捞出，沥干。

2. 在耐热器皿中铺上厨房纸巾（微波炉可用型），将步骤 1 的土豆片铺在上面（土豆片稍稍重叠摆放亦可）。将耐热器皿用保鲜膜盖上，放入微波炉（600 W）中加热约 6 分钟。待土豆片变得足够柔软，揭去保鲜膜，去掉厨房纸巾。（图 a）

3. 在用微波炉加热土豆片的过程中，将大葱先切成 5 ~ 6 cm 长的段，再将每一段都纵向切成 3 ~ 4 等份。（图 b）

4. 将鳀鱼片稍稍切碎或用手撕碎。

5. 向鲜奶油中加入盐和少许黑胡椒粉，充分搅拌。

6. 将步骤 3 的大葱条与步骤 4 的鳀鱼碎加入步骤 2 的土豆片中，倒入步骤 5 的汁料。（图 c）

7. 将奶酪铺满步骤 6 的材料表面，直至看不到任何其他食材。（图 d）

8. 将耐热器皿放在铺了烤箱用纸的烤盘上，放入烤箱中用 200℃烤约 20 分钟。

红烧肉炖萝卜

我的一位意大利友人特别爱吃萝卜，她每次来我家玩，必点这道料理。萝卜和任何食材搭配味道都很棒，所以关于萝卜的搭配食谱也有很多。除了五花肉以外，鸡腿肉、牛胸腹肉等搭配萝卜做出的料理同样相当美味。

材料　4 人份

萝卜（切成 4 cm 厚的圆柱状）……8 块（1.1 kg）

五花肉（切成块）……600 g

芥末酱、酱油……各适量

A｜汤料包①……1 袋
　　酒……1/4 杯
　　砂糖……4 大勺
　　味醂……4 大勺
　　酱油……4 大勺

E 630 千卡　T 2 小时 50 分钟

①加入了 10 g 干鲣鱼片的汤料包。

做法

1. 向锅中倒入适量（刚好能没过五花肉块）的水煮沸，放入五花肉块，煮沸后再继续煮 2 分钟。用笊篱将五花肉块捞出，再重复此步骤 1 次。

2. 将步骤 1 的锅洗净，倒入 8 杯水煮沸。将五花肉块重新放入沸水中，盖上锅盖，用小火至中火熬煮 50 分钟至 1 小时，直至肉块变得柔软。

3. 在煮肉的过程中，将萝卜块去皮，放入另一个锅中，倒入刚好能没过萝卜块的清水（或淘米水）加热。待水沸腾后，适当调整火力，继续煮 20 ~ 30 分钟，煮到用竹扦能轻轻戳穿萝卜块的程度即可。（若使用淘米水煮萝卜块，则需要将煮好的萝卜块清洗一遍。）

4. 捞出步骤 2 的五花肉块，切成 4 等份。取 4 杯猪肉汤备用（如果不足 4 杯就加水）。

5. 如果不喜欢油脂，可以先去除猪肉汤中的油脂，再将猪肉汤与 A 料一同倒入大锅中熬煮。放入五花肉块与萝卜块，待煮沸后将烤箱用纸盖在锅面上，保持烤箱用纸呈扑哧扑哧鼓动的状态，熬煮 1 小时至 1 小时 30 分钟（其间将五花肉块与萝卜块上下翻动）。煮好后边尝味道边加入适量酱油调味。食用时可配上芥末酱。

将这道料理盛在西式餐盘里，便成为一道时尚的主菜。再配上酸橘和焯过的西蓝花，就更加色香味俱全了。

菌菇汤

只需放入满满的一锅菌菇就能做出十分鲜美的菌菇汤，这道料理制作简单且美味十足，是我很得意的作品。

各种菌菇切成细丝后，不仅吃起来口感极佳，看起来也让人食欲大增。菌菇汤还可以用来煮粉丝，煮到汤汁几乎收干，煮好的粉丝会美味得让人惊讶。

将各种菌菇切成长短一致的细丝，成品口感会更佳。

材料　4 人份

新鲜香菇……1 袋（150 g）

灰树花……1 袋（100 g）

蟹味菇……1 袋（100 g）

金针菇……1 袋（100 g）

水煮竹笋（小）……2 个（150 g）

绢豆腐……1 块（350 g）

五花肉（涮火锅用）……100 g

个人喜好的柑橘类（酸橘、香橙等）……适量

花椒（轻轻研碎）、七味粉、辣油、醋……各适量

盐……少许

A｜汤①……8 杯
　｜绍兴酒（或普通白酒）……3 大勺
　｜酱油……3～4 大勺
　｜薄口酱油……2 大勺
　｜蚝油……2 大勺
　｜芝麻油……1 大勺

E 250 千卡　T 25 分钟

① 1 大勺糊状速食汤料（中式）与 8 杯开水混合而成。

做法

1. 将香菇去柄后切成细丝。灰树花去柄后用手撕成约 4 cm 长的段。蟹味菇去柄后用手分成 2～4 等份。金针菇去柄后切成 4 cm 长的段，并将其均匀散开。（图 a）

2. 水煮竹笋切成 4～5 cm 长的细丝。绢豆腐充分沥干后切成 4 cm 长的条。五花肉切成宽 1 cm 的肉条。

3. 向锅中加入 A 料中的汤，开火加热，待其变热后再加入 A 料中的其他材料，并加入少许盐调味，待煮沸后将五花肉条均匀倒入。煮的过程中撇去浮沫。

4. 将各种菌菇丝、竹笋丝、绢豆腐条一起加入，继续熬煮。

5. 煮到食材入味之后将菌菇汤盛出，根据个人喜好将酸橘或香橙纵切成 4 等份并将果汁挤入汤中，再配上适量花椒碎、七味粉、辣油、醋等食用。

白芝麻酱拌菜

白芝麻酱拌菜是母亲之前常为我做的料理之一。记得我小时候，当母亲用研钵磨碎干豆腐时，我的职责便是在一旁按住钵体配合母亲。往豆腐酱里加入刚研碎的白芝麻，就是我从母亲那儿学到的制作方法。只要白芝麻酱做得好，将它和任何时令的蔬菜或水果混合，都会成为一道十分美味的料理。

材料　4 人份

A | 高汤……3 大勺
  | 砂糖……1 大勺
  | 味醂……1 大勺
  | 酱油……1 大勺

B | 砂糖……$1\frac{1}{2}$ ~ 2 大勺
  | 薄口酱油……1/2 ~ 1 小勺
  | 味噌……1/2 ~ 1 小勺

绢豆腐……1 块（350 g）

白芝麻……50 g

干香菇（泡发）……3 朵

胡萝卜……1/2 根（100 g）

魔芋条……1 袋（150 g）

荷兰豆……50 g

盐……适量

E 180 千卡　T 35 分钟[①]

①豆腐沥干、泡发香菇的时间以及冷却材料的时间除外。

做法

1. 将绢豆腐用干净的布或厨房纸巾包住，放在砧板上，拿重物（如装有 2L 水的塑料瓶）压在绢豆腐上 1 ~ 2 个小时（待绢豆腐的水分被挤压出后，重量约缩减为原来的 70%，也就是约为 245 g）。

2. 将泡发好的香菇去柄后切成薄片。胡萝卜切成长约 3 cm、宽约 3 mm 的细条。魔芋条焯一遍后切成方便食用的细条，并用厨房纸巾将水充分擦干。

3. 将 A 料倒入锅中煮沸，加入魔芋条与香菇片继续煮 4 ~ 5 分钟，然后加入胡萝卜条煮 3 ~ 4 分钟，关火冷却。

4. 将荷兰豆去筋后焯一遍，然后放入凉水中降温。用笊篱捞出荷兰豆，沥干水，再将其斜切成细条。

5. 将白芝麻用小火轻轻翻炒，然后放入研钵中充分研磨，直至没有完整的芝麻颗粒，制成白芝麻粉。将步骤 1 的绢豆腐用同样的方法研碎后倒入白芝麻粉中，搅拌均匀。

6. 向步骤 5 的材料中加入 B 料，用小勺搅拌，再加入步骤 3、4 的材料，快速搅拌。最后根据个人喜好加入适量盐调味。（图 a）

a

拌菜的常用食材为胡萝卜、干香菇、魔芋等。我曾经还尝试用牛油果制作白芝麻豆腐拌菜，味道让母亲惊讶不已。

年糕鸡蛋羹

我一年四季都爱吃鸡蛋羹。我特别喜欢在鸡蛋蒸至刚刚凝固时,向其中倒入满满的高汤,这样的鸡蛋羹最鲜嫩可口。若是在冬天,可以再加入一些煮软的百合根,这是只有在冬天才能享受到的美食。但无论什么季节,我做的鸡蛋羹里一定会放年糕。这道料理做法非常简单,用保鲜膜把蛋液盖上蒸熟即可,所以使用不带盖的蒸蛋专用容器也不必担心影响成品。

材料 4 人份

方形年糕……2 个

百合根

　……1/2 个(食用部分 50 g)

香橙皮……适量

蛋液

| 鸡蛋……4 个

| 高汤……3 杯

| 味醂……3 大勺

| 盐……1 小勺

浇汁

| 高汤……1/2 杯

| 淀粉、水……各 1 小勺

| A | 薄口酱油……1 小勺

| | 味醂……1 大勺

| | 盐……少许

E 190 千卡　T 25 分钟

做法

1. 每个年糕都切成 6 等份。百合根一片一片剥开后洗净,再用水煮至柔软,然后用笊篱捞出沥干。

2. 制作蛋液。向高汤里加入盐与味醂溶解(汤太热的话就先放置冷却)。将鸡蛋打入容器内搅匀,缓缓地拌入混合好的高汤,并且不使蛋液产生气泡,再用细目滤网过滤蛋液。

3. 往 4 个耐热器皿中分别放入等量的年糕条与百合根,将步骤 2 中的蛋液也平均倒入各个耐热器皿中。用勺背将倒入时产生的气泡轻轻压破,用保鲜膜将耐热器皿分别密封。

4. 将盛有蛋液的耐热器皿放入已经产生蒸汽的蒸锅中,用稍弱的中火加热 10 ~ 15 分钟。

5. 制作浇汁。将水和淀粉制成水淀粉。用小锅将高汤加热,加入 A 料进行调味,待沸腾后加入水淀粉勾芡。完成后将浇汁浇入刚刚蒸好的鸡蛋羹中。搭配切成薄片的香橙皮食用即可。

鸡蛋羹蒸至表面凝固且看上去较为膨松后即可出锅。如果高汤偏凉或容器壁较厚,蒸煮时间可能更长。务必时刻观察鸡蛋羹的状态,切勿过度加热。

a b c

d e f

麻婆豆腐

说起我喜欢的料理，一定少不
了这道麻婆豆腐。我曾经尝试过多
种烹饪方法，做出了不同口味的麻
婆豆腐。比如，我用切碎的牛肉粒
代替猪肉末，做出来的麻婆豆腐美
味十足，并且牛肉粒的口感也更加
饱满。热腾腾的麻婆豆腐与炒豆芽
一起吃，简直是最棒的享受。

材料　4 人份

绢豆腐……2 块（700 g）

大葱（切成末）……1/2 根（50 g）

大蒜（切成末）……1 瓣

生姜（切成末）……1 块

牛肉……200 g

豆瓣酱……1 ～ 2 大勺

绍兴酒（或其他白酒）……1 大勺

花椒……适量①

香菜……适量

淀粉……1 ～ 2 大勺

盐……少许

色拉油……2 大勺

芝麻油……适量

A　酱油、绍兴酒（或其他白酒）……各 1 小勺
　　砂糖、芝麻油、盐、胡椒粉……各少许

B　汤②……$1\frac{1}{2}$ 杯
　　酱油……3 大勺
　　砂糖……1 小勺

E 350 千卡　T 20 分钟

①用量可根据个人喜好适当增减。

②用 $1\frac{1}{2}$ 杯开水溶解 2 小勺颗粒状速食鸡汤
　汤料（中式）制成。

做法

1. 用研钵将花椒磨碎。

2. 将淀粉用等量凉水溶解成水淀粉。

3. 牛肉切成较粗颗粒后再拍打。（图 a）

4. 将牛肉粒放入碗中，浇上 A 料，腌渍 2 ～ 3 分钟。
   （图 b）

5. 将绢豆腐切成边长约 1.5 cm 的块。（图 c）

6. 将绢豆腐块放入加了少许盐的开水中烫 1 ～ 2 分钟
   （用开水将绢豆腐块烫一遍后，可以去除绢豆腐块
   中多余的水分，使绢豆腐块更容易入味，形状也更容
   易保持完整），再用笊篱捞出。（图 d）

7. 向小锅中加入 B 料混合，加热，备用。

8. 向一个较深的煎锅中倒入色拉油，用大火加热，放
   入葱末、蒜末与姜末炒至香味四溢，加入步骤 4 的
   牛肉粒继续翻炒。待牛肉粒熟透后放入豆瓣酱，再
   浇上绍兴酒，翻炒均匀。倒入步骤 7 的汁料，待沸
   腾后加入绢豆腐块，轻轻翻炒均匀。（图 e）

9. 再次沸腾后，加入再一次搅拌均匀的水淀粉勾芡。
   （图 f）

10. 关火，浇上适量芝麻油，撒上步骤 1 中的花椒碎，
    搅拌均匀。装盘，根据个人喜好搭配适量香菜。

饺子双拼

　　我非常喜欢吃饺子，特别是猪肉蔬菜饺子和萝卜扇贝饺子。在我做过的众多饺子中，这两种饺子是我最得意的作品。我的孙子也继承了我的喜好，对这两种饺子情有独钟。在我们家的餐桌上，除了饺子，我还会摆上各种酱汁与香辛料（大葱、生姜、大蒜等），供大家随意享用。

猪肉蔬菜饺子

材料　24 个

猪肉末（脂肪多的部分）……150 g

卷心菜叶……2 ~ 3 片（可食用部分 150 g）

白菜叶……2 ~ 3 片（可食用部分 150 g）

韭菜……50 g

大蒜（切成末）……1 大勺

汤①……1 大勺

绍兴酒（或其他白酒）……1 大勺

饺子皮（市面购买）……24 张

香辛料②、酱汁③……各适量

盐、芝麻油……各适量

胡椒粉、色拉油……各少许

面粉……1 小勺

E 45 千卡（1 个）　T 40 分钟④

①用 1 大勺开水溶解 1 小勺糊状速食汤料（中式）制成，放凉。

②根据个人喜好搭配生姜丝与香菜碎。

③根据个人喜好添加醋、黑醋、辣椒油、豆瓣酱、酱油等。

④将蔬菜撒盐后放置、肉馅入味的时间除外。

做法

1. 将卷心菜叶、白菜叶分别切成 3 ~ 4 mm 见方的正方形碎片。

2. 将步骤 1 处理好的材料放入碗中，撒上 1/2 大勺盐，放置 10 分钟。待蔬菜变得柔软后，将它们用厨房用布包裹，挤出多余水分。

3. 韭菜切成极碎的碎末。

4. 在稍小的煎锅中加入 1/2 大勺芝麻油加热，放入蒜末翻炒（注意不要炒焦），待蒜香四溢、蒜末的颜色稍稍变黄即可关火，放凉。

5. 另取一个大碗，放入猪肉末，加入汤与绍兴酒充分搅拌。将炒好的蒜末连油一起浇入猪肉末中并充分搅拌，加入步骤 2、3 处理好的材料，继续搅拌。撒上少许盐、胡椒粉调味后，放置 30 分钟以上，以保证肉馅充分入味。

6. 将面粉与 1/2 杯水混合并搅匀，制成制作饺子羽翼般的脆薄边缘的液体原料。

7. 在 1 张饺子皮上放上约 1 大勺步骤 5 的肉馅，在饺子皮边缘沾上水，一边捏褶一边将边缘捏紧。用这种方法共制作 24 个饺子。

8. 在稍小的煎锅中倒入少许色拉油中火加热，将一半饺子放入锅中摆放成圆形。待饺子烤至略微焦黄后，将一半步骤 6 的液体沿锅的边缘浇入锅中。盖上锅盖，用稍弱的中火蒸烤 3 分 30 秒至 4 分钟。

9. 烤至水基本消失后，拿开锅盖，浇上适量芝麻油，调至中火，继续烤至饺子表面焦脆，关火。装盘时，先将盘子盖在锅中的饺子上，然后将煎锅翻面，让整盘饺子完整地转移到盘中。剩下的饺子用相同方法制作。搭配喜爱的香辛料、酱汁食用。

萝卜扇贝饺子

材料　25 个

萝卜……1/2 根（400 g）

帆立贝柱……10 个（200 g）

水芹……30 g（可食用部分）

饺子皮（市面购买，大号）……25 张

香辛料①、酱汁②、芝麻油……各适量

淀粉……1 大勺

盐、胡椒粉、色拉油……各少许

A｜生姜汁、芝麻油、绍兴酒（或其他白酒）……各 1 小勺

　｜颗粒状速食鸡汤汤料（中式）……2 小勺

E 40 千卡（1 个）　T 40 分钟

①根据个人喜好搭配生姜丝与香菜碎。

②根据个人喜好添加醋、黑醋、辣椒油、豆瓣酱、酱油等。

做法

1. 将萝卜切成 5 ~ 6 cm 长的细丝，用煮沸的水烫 3 ~ 4 分钟，再用冷水冲凉。将萝卜丝捞出后用厨房用布包裹，挤出多余水分，然后切成碎末。水芹也切成碎末。

2. 将 A 料混合，搅拌均匀。

3. 帆立贝柱略微切碎、拍打后放入碗中，加入步骤 2 的汁料后充分搅拌揉匀，使帆立贝柱入味。加入去除水分后的萝卜碎与水芹碎，搅匀成馅。再加入淀粉，撒上少许盐、胡椒粉调味。

4. 在饺子皮上放上约 1 大勺步骤 3 中的饺子馅，在饺子皮边缘沾上水，边捏褶边向中部收紧，包成圆形饺子（类似小笼包）。

5. 将封口部分拧紧并压平，使其厚度尽量均匀。用这种方法共制作 25 个饺子。

6. 在煎锅中倒入少许色拉油加热，将一半饺子封口朝下摆在锅中煎烤。待饺子烤至焦黄后，倒入 1/4 杯水，盖上锅盖继续用较弱的中火蒸烤 5 ~ 6 分钟。拿开锅盖，待水汽散去后将饺子翻面，浇上适量芝麻油，将饺子烤至表面焦脆。剩下的饺子用相同方法烤制。

7. 装盘，搭配喜爱的香辛料、酱汁食用。

简易烧烤网烤面包

不使用酵母粉，不使用烤箱，如果学会了这道烤面包的制作方法，就能轻松地烤出各种大小和形状的面包。这样，即便有时忘了买面包，或是突然发现家里的面包吃完了，你也不会感到困扰。

a

不使用烤箱，而是用烧烤网架明火烤制，面包的香气将溢满整个房间。

材料　8~10个

A	低筋面粉……100 g
	高筋面粉……100 g
	泡打粉……2 小勺

牛奶……1/2 杯

原味酸奶（无糖）……2 大勺

砂糖……2 大勺

盐……少许

色拉油……1 大勺

E 1010 千卡（全部分量）　T 30 分钟

做法

1. 将 A 料筛入碗中，加入砂糖、少许盐，轻轻搅拌。

2. 加入牛奶、原味酸奶、色拉油继续搅拌，直至搅拌均匀成面团后用手充分挤压揉搓，揉到面团表面只剩些许颗粒即可。

3. 待步骤 2 的面团成形后将其盖上保鲜膜，放置 10 分钟，使其发酵。

4. 在料理台上撒上高筋面粉（分量外）防粘，放上发酵好的面团，将其用擀面杖轧成厚约 1 cm、直径 20 cm 的圆饼，再用卡片或菜刀切成喜欢的大小和形状，即制成面包生坯。

5. 将烧烤网（使用烤鱼用烤网亦可）加热，放上面包生坯进行焙烤。烤至一面焦黄后将面包翻面，确保面包中心部分也充分受热。（图 a）

材料 4人份

芸豆罐头（水煮）……1罐（约400 g）

洋葱……1个（200 g）

大蒜……1瓣

培根（薄片）……2片

混合肉末（猪肉和牛肉）……300 g

红葡萄酒……1/4 杯

水煮番茄罐头（完整型）……1罐（400 g）

酸橙（纵切成4等份）……适量

帕尔马干酪……适量

橄榄油……1 大勺

番茄酱……3 ~ 4 大勺

盐、胡椒粉……各少许

A｜三味香辛料……1 小勺

姜黄粉……1 小勺

孜然……2 小勺

肉桂粉……1 小勺

卡宴辣椒粉……少许

智利辣椒粉……少许

配菜

番茄（切成1 cm 见方的块）……适量

紫洋葱（切成1 cm 见方的块）……适量

圆生菜（切成2 ~ 3 cm 见方的块）

……适量

香菜、罗勒叶、薄荷叶等香草……各适量

E 440 千卡　T 30 分钟

做法

1. 将芸豆从罐头中取出，沥干。洋葱切成
   7 ~ 8 mm 见方的丁。大蒜、培根切碎。

2. 锅中加入橄榄油加热，倒入大蒜碎炒香，
   再依次加入培根碎、混合肉末翻炒，待肉
   末变色后倒入洋葱丁继续翻炒。

3. 加入红葡萄酒煮沸。将水煮番茄连罐头汁
   一起倒入，将番茄压碎。加入芸豆，用中
   火煮10 ~ 15 分钟，其间翻动几次。

4. 加入番茄酱、A料以及少许盐、胡椒粉调味。

5. 根据个人喜好搭配配菜，还可以挤上酸橙
   汁或拌着帕尔马干酪食用。

辣豆肉酱

我先生玲儿曾说，无论我何时做这道辣豆肉酱，他都觉得很开心。
用辣豆肉酱搭配番茄、洋葱、圆生菜，不知不觉就能吃下去许多蔬菜。

将各种各样的香辛料组合起来，会出现意想不到的浓郁香味，请你
一点一点地尝试吧。

这里用到的香辛料从
右上开始按顺时针方向依
次为孜然、卡宴辣椒粉、
三味香辛料、姜黄粉、智
利辣椒粉、肉桂粉。

和风汉堡肉饼

几年前，儿子送了我一个可以放进烤箱里用的平底煎锅。从那以后，我就一直先用这个小煎锅把肉饼煎得恰到好处后再一起放进烤箱里烤。这样做出来的汉堡肉饼焦脆松软、热腾腾的，美味极了。

配菜的制作方法　均为便于制作的分量

煮胡萝卜

　　将2根胡萝卜（约350 g）去皮后切成3 cm厚的圆柱形块。将胡萝卜块与2杯汤（将1小勺颗粒状西式速食汤料与2杯开水混合制成）倒入锅中大火加热。煮沸后调至小火继续煮8～10分钟，直至胡萝卜变软。加入适量的盐调味，关火，撒上1～2小勺孜然。

奶油玉米

　　将20 g黄油放入锅中加热，倒入1袋（250 g）玉米粒（冷冻，整颗玉米粒），用中火翻炒，倒入1大勺面粉后继续翻炒。再加入1/2杯牛奶搅拌至黏稠，最后撒上少许盐、黑胡椒粉调味。

水煮西蓝花

　　将1棵西蓝花分成每个约10 cm长的小朵，放入煮沸的水中烫一遍，捞出沥干即可。

酸橘醋的制作方法

　　将5大勺酱油、1大勺味醂（煮沸使酒精挥发）、2大勺鲜榨酸橘汁、1大勺醋倒入碗中混合，再向混合液中放入1片快速冲洗过然后擦干的海带，放入冰箱内静置少则1小时，多则1晚后，将海带取出，即为酸橘醋。

材料　4人份

牛肉末（粗颗粒）……400 g

猪肉末（粗颗粒）……200 g

洋葱……1个（200 g）

面包粉……1/2杯

牛奶……3大勺

鸡蛋……1个

配菜（参照左侧说明）……适量

酸橘醋（参照左下方说明）……适量

萝卜泥……适量

七味粉……适量

盐……1小勺

黑胡椒粉（粗颗粒）……少许

色拉油……1/2～1大勺

E 600千卡　T 35分钟①

①酸橘醋浸泡海带的时间、制作配菜的时间除外。

如果没有能放进烤箱里用的小煎锅，用普通平底煎锅完成步骤4后，取出煎好的肉饼，将其放在铺好烤箱用纸的烤盘中放进烤箱里烤亦可。

准备工作

·将烤箱预热至230℃。

做法

1.将洋葱切成5～6 mm见方的小丁。

2.将面包粉与牛奶一同倒入碗中，混合。

3.在步骤2的材料中加入两种肉末、鸡蛋、盐、少许黑胡椒粉搅拌均匀，再加入洋葱丁，搅拌混合成肉馅。将混合好的肉馅分成4等份，一边拍出空气，一边捏成一个个的圆饼。

4.向烤箱用的煎锅中倒入色拉油加热，放入步骤3的肉饼，两面各煎2分钟，直至肉饼表面变得焦黄。

5.将步骤4的肉饼连煎锅一起放入230℃的烤箱中烤8～10分钟（此处为同时烤制2个肉饼的时长），确保肉饼中心部分也充分受热。（图a）

6.在煎锅中盛上配菜，在一旁摆上酸橘醋、萝卜泥、七味粉等组成的小菜。

黄油柠檬煎鸡排

　　在周末，当享受夫妻二人甜蜜的葡萄酒时光时，我和丈夫经常搭配的就是这道黄油柠檬煎鸡排。清爽的鸡胸肉，酸酸的柠檬，加上浓郁的黄油，这道料理的味道绝对不输任何餐厅里做的。一片一片地煎鸡排虽然有些麻烦，但做出来的味道一定不会让你失望。

做法

1. 将约 1/2 小勺盐、少许黑胡椒粉撒在 1 片鸡胸肉的两面，再将这片鸡胸肉带皮的一面用刷子薄薄地刷上一层面粉。

2. 在煎锅中倒入 1/2 大勺色拉油加热，将步骤 1 的鸡胸肉带皮的一面朝下放入煎锅中，盖上锅盖，用小火煎 3 ~ 5 分钟，在最后 1 分钟时，将火稍稍调大。（如果时间充裕的话，将鸡胸肉一片一片地分开煎，能够煎得更均匀、更美味。）

3. 待带皮的一面煎至焦黄后将鸡胸肉翻面，盖上锅盖继续煎 3 ~ 5 分钟，煎至八分熟。

4. 关火，加入 10 g 黄油与 1 大勺柠檬汁（如果对油脂比较介意，可以先拿厨房纸巾将煎锅内多余的油脂吸干），开小火，熬煮至汁液黏稠。

5. 另一片鸡胸肉用同样的方法煎烤。将煎好的鸡胸肉装盘，将煎锅内剩余的汁液浇在鸡胸肉上，再附上配菜与柠檬块。还可根据个人喜好搭配面包。

配菜的制作方法　方便烹饪的分量

煎土豆片

　　将 2 个土豆（300 g）去皮后切成 1 cm 厚的片，用水煮至柔软，捞出沥干。在煎锅中倒入少许橄榄油加热，放入煮好的土豆片用小火煎至两面焦脆。撒上少许盐、胡椒粉调味。

炒卷心菜

　　将 200 g 卷心菜叶切成约 2 cm 宽的片。在煎锅中倒入少许橄榄油，用大火翻炒卷心菜叶，最后撒上少许盐、胡椒粉调味。

水煮西蓝花

　　将 1/2 棵西蓝花按照 p.36 的方法烹饪。

※ 这道煎鸡排搭配的蔬菜还可选用菠菜、菜豆、红菜椒等。总之，搭配上 2 ~ 3 种或烤或煮或炒的配菜，就能享用一盘和高级西餐厅中的一样的料理。

材料　2 人份

鸡胸肉[①]……2 片（500 g）

柠檬汁……2 大勺

配菜（参照左下方说明）……适量

柠檬（纵切成 4 等份）……2 瓣

盐……约 1 小勺

黑胡椒粉（粗颗粒）、面粉……各适量

色拉油……1 大勺

黄油……20 g

E 680 千卡　T 35 分钟

①将鸡胸肉从冰箱中取出，放置至室温后烹饪。

爱不释手的白色围裙

　　虽然平时工作时会穿各种各样的围裙，但私底下我一定穿白色围裙。之所以一定要穿白色的，是因为白色给人干净的感觉。就算不小心沾上污渍，立马清洗的话，围裙也能再次变得很干净。再用熨斗熨烫平整，穿上它整个人的心情都能变得很好。随着使用时间越来越长，围裙的布料可能会变薄，缝合处也会开线，但即便这样也不必把围裙扔掉，可以留着打补丁用。白色围裙总能给我满满的动力，每当穿上白色围裙，我就会想要做一顿美味的大餐。

芹菜风味水煮银鳕鱼

在水煮鱼里放芹菜，听起来可能会让人觉得很奇怪。这道料理的灵感，还是源自一位喜爱芹菜的来自伦敦的朋友。和她结交之后，我就开始想着将芹菜用到各种日式料理中。芹菜的清香味道与清脆口感，让水煮鱼的鲜美更加凸显。其实，只是用这道水煮鱼的酱汁浇饭，就足够美味。

满满的芹菜碎与水煮山椒籽，它们特殊的香味能够有效去除鱼的腥味。

材料　4 人份

银鳕鱼（切成片）……4 片（400 g）

芹菜……2 棵（可食用部分 200 g）

生姜（切成末）……2 大勺

水煮山椒籽（市面购买）……2～3 大勺

A　酒……1/2 杯
　　味醂……5 大勺
　　酱油……5 大勺
　　砂糖……1 大勺

E 320 千卡　T 20 分钟

做法

1. 用厨房纸巾将银鳕鱼鱼片表面多余的水擦干。将芹菜切成约 5 mm 长的碎末。

2. 将 A 料混合后倒入锅中煮沸，加入姜末与芹菜碎，盖上锅盖，用中火煮 2 分钟。（图 a）

3. 将银鳕鱼鱼片加入步骤 2 的汤料中，轻轻翻拌，让汤汁与芹菜碎覆盖全部鱼片。待煮沸后用烤箱用纸盖住锅面，用中小火煮 10～12 分钟。倒入水煮山椒籽，稍稍煮一会儿后关火。

※ 为了让鱼肉能够充分入味，可以将成品放入冰箱中放置 2～3 天。根据季节，可将银鳕鱼替换成沙丁鱼、鲹鱼等。

材料　4人份

新鲜鲑鱼（切成块）……4块（400 g）

洋葱……1/2个（100 g）

芹菜……1根（100 g）

胡萝卜……1/2根（100 g）

生姜……1块

鲜榨青柚汁……1大勺

红辣椒（去籽后切成小圆圈）……2个

青柚[1]（切圆片）……1个

盐、胡椒粉、煎炸用油……各适量

面粉……3大勺

南蛮醋

| 高汤……1杯 |
| 醋……3/4杯 |
| 砂糖……4大勺 |
| 薄口酱油……3大勺 |

E 300千卡　T 30分钟[2]

①可根据个人喜好替换成酸橘等。

②将成品放入冰箱中腌渍入味的时间除外。

南蛮醋腌鲑鱼

我丈夫玲儿喜欢吃肉，南蛮醋腌鱼肉是他最喜欢的料理之一。基本上我每周都会做一次南蛮醋腌鱼肉，而且会换鲑鱼、鲭鱼、鲹鱼等不同种类的鱼，并用柑橘类水果提香，也总会搭配上丰盛的蔬菜丝。因为这道料理耐存经放，把它放进便当里做小菜也很不错哟！

做法

1. 将洋葱切成细条。芹菜去筋，与胡萝卜均切成5～6 cm长的细丝。生姜则切成更细的丝。将南蛮醋的材料在容器中混合好，备用。

2. 将每一块鲑鱼都切成两半，撒上适量的盐、胡椒粉。再将鲑鱼块与面粉一起放入保鲜袋中，捏紧封口并摇晃保鲜袋，使鱼肉上均匀裹满面粉。

3. 将煎炸用油加热至180℃后，放入鲑鱼块炸至表面焦脆，捞出，将油充分沥干，再将鲑鱼块趁热放入南蛮醋中腌渍。

4. 将步骤1中的蔬菜丝混合均匀后撒在步骤3的材料上，浇上鲜榨青柚汁，再撒上事先切好的红辣椒圈、青柚片。最后像盖盖子一样，用保鲜膜覆盖整个容器。将容器放入冰箱中静置2～3小时，使食材充分入味。

※ 冷藏的话，这道料理可保存约3天。

这道料理中的鲑鱼也可以换成鲭鱼、鲹鱼，甚至可以换成稍稍余过的涮肉用肉片。这个配方的南蛮醋，即使只用来腌渍蔬菜，味道也十分不错，试试吧！

味噌煮鲭鱼

对于生长在海边的我来说，味噌煮鲭鱼是很常见的一道鱼料理。小时候，因为味噌的味道太浓，不喜欢太甜东西的我总有些不习惯。但如今，母亲曾为我做的味噌煮鲭鱼变成了我怀念的味道，慢慢体会到其中的美味后，我也经常做了起来。

材料　4 人份

鲭鱼（三片刀法※ 处理）……2 片（可食用部分 400 g）

生姜……50 g

豆瓣菜……适量

酸橘……适量

米饭（温热）……适量

喜爱的腌菜……适量

蒜味烤面包（参照右下方说明）……适量

A　酒……1/2 杯
　　水……1/2 杯
　　味噌……5 ~ 6 大勺
　　味醂……4 大勺
　　砂糖……3 大勺
　　酱油……1 大勺

E 300 千卡① 　T 25 分钟②

①米饭与烤面包除外。

②蒜味烤面包制作时间除外。

※ 译注：鱼的一种片切法，即从背骨两侧入刀，把鱼分成两片肉与中骨三部分。

做法

1. 将生姜去皮后切成薄片。将用三片刀法切成的鲭鱼片每片都切分成 4 ~ 5 等份。（图 a）

   ※ 熬煮后的生姜也十分美味，因此将生姜切片而不是切成细丝，这样吃起来口感更佳。鲭鱼肉切成方便食用的大小后再煮，更易入味。

2. 将 A 料在锅中搅拌混合均匀，用大火煮沸。（图 b）

3. 将切好的鲭鱼片均匀铺在步骤 2 的汤料中（鲭鱼片不要重叠），将姜片撒在鲭鱼片上。（图 c）

4. 再次煮沸后盖上锅盖，用稍弱的中火熬煮约 15 分钟，待汤汁煮至黏稠后关火。（图 d）

5. 将鲭鱼片和姜片装盘，浇上适量汤汁，配上豆瓣菜。根据个人喜好，还可搭配酸橘。用其他餐具装上米饭（亦可配上喜爱的腌菜）、蒜味烤面包等一起食用。

蒜味烤面包的制作方法

1. 将法式长棍面包斜切成约 3 cm 厚的片。取适量大蒜研磨成蒜泥。

2. 将每片面包片都涂上蒜泥，再浇上 1/2 大勺橄榄油，放在预热好的烧烤网上烤即可。（用烤鱼网烤亦可。）

炸虾排

　　用小小的虾仁能不能做出好吃的炸虾排？我左思右想了很久，有一天灵光一现，想出来这道料理——用6只小虾仁摆成圆形，炸成虾排。

　　这道料理和一只一只单独的炸虾比起来，口感不同，如今已成为我家的人气菜品。

　　特别希望大家能尝到刚刚出锅的炸虾排，所以我用这道料理来招待客人时，通常都是让大家拿着各自的盘子，站到油锅旁边排好队，我把虾排一个一个地炸好后分给大家，让大家立刻品尝到热腾腾又焦脆的美味炸虾排。

材料　4个

鲜虾（冷冻，去头，带壳）……24只

面包粉……适量

卷心菜（切细丝）……适量

柠檬（纵切成4等份）……适量

蛋黄调味汁（参照p.45说明）……适量

猪排酱……适量

盐、黑胡椒粉（粗颗粒）……各少许

煎炸用油……适量

A | 面粉……6大勺
　 | 鸡蛋（打散）……1个
　 | 水……1大勺

E 250 千卡（1个）[1]　T 25 分钟[2]

①只包含炸虾排。

②鲜虾解冻时间、制作蛋黄调味汁及配菜的时间除外。

蛋黄调味汁的制作方法
便于制作的分量

1.将两个煮蛋去壳后切碎。
2.向大碗中倒入 1 杯蛋黄酱及 1 ~ 2 大勺
　牛奶，搅拌均匀。再放入切碎的煮蛋、
　3 大勺洋葱碎以及切碎的腌黄瓜，轻轻
　搅拌。根据个人喜好还可加入少许芥末
　酱、盐、黑胡椒粉（粗颗粒）等调味。
E 1470 千卡（全部分量）　 T 10 分钟

做法

1.将鲜虾解冻后去壳、去尾，并去除虾线。
2.6 个虾仁为 1 组，在平整处摆放成圆形，并撒上少许盐、黑胡椒粉
　调味。（图 a）
3.在容器中倒入 A 料，充分搅拌。将步骤 2 的材料放置在其他器皿中，
　用勺子将其均匀涂满 A 料。（图 b）
4.给虾排撒上面包粉。如果虾排散开，就将其重新挤压整理成紧实的
　圆饼形。
5.将煎炸用油预热至 180 ~ 190℃，放入步骤 4 的材料，炸 1 分 30
　秒至 2 分钟。
6.将虾排从锅中捞出，装盘，配上卷心菜丝、柠檬块，最后在虾排上
　挤上猪排酱和蛋黄调味汁。

a　　　　　　　b

越南风味炸春卷

我虽然会经常变换春卷的馅料，从而做出各种风味的春卷，但我最喜欢的还是这道越南风味炸春卷。蟹肉和猪肉末的浓郁口感，与香菜和薄荷的清新相得益彰。用大叶生菜将春卷与满满的香草、醋腌胡萝卜丝包裹在一起，入口鲜美而清爽。这是任何时节都可以吃的一道料理。

材料　18个

蟹肉（煮熟）[1]……200 g（可食用部分）

干粉丝……20 g

水煮竹笋……1/2 个（60 g）

香菜……2 ~ 3 棵

薄荷叶……1 把

猪肉末……100 g

春卷皮（市面购买）……3 张

大叶生菜……适量

酸橙……适量

醋腌胡萝卜丝（参照下方说明）……适量

面粉……少许

煎炸用油……适量

A ┃ 绍兴酒（或其他白酒）……1 大勺
　┃ 盐……少许
　┃ 胡椒粉……少许
　┃ 芝麻油……2 小勺

香草 ┃ 香菜叶……适量
　　 ┃ 薄荷叶……适量
　　 ┃ 罗勒叶（新鲜）……适量

酱汁 ┃ 甜味辣椒番茄酱（市面购买）……1/2 杯
　　 ┃ 鱼露……1/2 大勺
　　 ┃ 鲜榨酸橙汁……1/2 大勺

E 80 千卡（1 个）　T 30 分钟

①没有的话，用罐头装的亦可。

做法

1. 将蟹肉轻轻捣成泥（若含软骨，要先将其去除；使用蟹肉罐头的话，要将罐头汁充分攥干）。

2. 干粉丝用煮沸的水烫 1 ~ 2 分钟使其复原，用笊篱捞出，沥干水。将粉丝放入碗中，盖上保鲜膜蒸 1 ~ 2 分钟，再切成 2 ~ 3 cm 长。水煮竹笋也切成 2 cm 长的细丝。香菜与薄荷叶去除坚硬的茎和叶柄后切碎。

3. 将猪肉末放入碗中，依次加入 A 料，充分搅拌。再加入蟹肉泥、水煮竹笋丝，最后加入粉丝、香菜碎、薄荷碎搅拌均匀。

4. 先将春卷皮摞起，对半切开，再将切开的每摞春卷皮都切成 3 等份。将切好的 18 张春卷皮一张张分开，用保鲜膜包好以防变干。

5. 将步骤 3 中的馅料分成 18 等份，分别盛到步骤 4 中的各张春卷皮上，卷成筒状。将少许面粉用等量的水溶解，将其作为糨糊粘紧春卷皮。

6. 将酱汁材料混合搅拌均匀。

7. 将步骤 5 的春卷生坯放入 170℃ 的煎炸用油中炸至焦脆（确保中心部分也充分受热），捞出装盘，配上大叶生菜、切成块的酸橙、香草、醋腌胡萝卜丝、步骤 6 的酱汁。在大叶生菜上放上春卷，再根据个人喜好放上香草与胡萝卜丝，卷起来食用。亦可挤上适量酸橙汁或蘸酱汁食用。

因为馅料油炸过后会收缩，所以在包春卷时要塞入满满的馅料，并且要将春卷紧紧地卷成细条状。馅料要满得让人感觉快从两端溢出来了。如有溢出的馅料，用指尖轻轻压进去即可。

醋腌胡萝卜丝的制作方法　便于制作的分量

1. 将 1 根胡萝卜（250 g）去皮后切成约 5 cm 长的细丝。

2. 将胡萝卜丝倒入碗内，加入 3 大勺寿司醋（市面购买）、1/2 大勺鱼露轻轻搅拌，放置一会儿使其入味。

E 160 千卡（全部分量）　T 10 分钟

亲子盖饭

这是我最喜欢的盖饭之一，不管是自己一个人吃饭，还是全家人一起，我都经常做这道盖饭。做这道料理，鸡蛋要分两次加进去，而且要将鸡蛋做成黏糊糊的半熟状态，这正是考验技巧的地方。这个时候，要特别留意鸡蛋的状态，并随时调节火力。

我做亲子盖饭用的锅，是专门请人手工制作的，用这个锅一定能做出美味的盖饭。我经常会想什么时候又该给孩子们做这道盖饭了。

材料　2 人份

鸡腿（小，去骨取肉）……1 根（200 g）

鸡蛋……4 个

洋葱……1/2 个（100 g）

高汤……1/2 杯

鸭儿芹（切成 2 cm 长的段）……适量

米饭（温热）……适量

七味粉……适量

A ｜ 酱油……3 大勺
　｜ 砂糖……2 大勺
　｜ 味醂……2 大勺

E 790 千卡　T 20 分钟

做法

1. 洋葱切成 5 ~ 6 mm 宽的细条。鸡腿肉去掉多余的脂肪，再切成 3 cm 见方的块。

2. 将高汤与 A 料混合，充分搅拌至砂糖溶解。

3. 将每 2 个鸡蛋（1 人份使用 2 个鸡蛋）磕入 1 个容器中，打匀，共制成 2 份蛋液。

4. 将 1/2 份步骤 2 的汤料倒入盖饭专用锅中，中火煮沸。加入 1/2 份鸡腿肉块，继续煮一小会儿，然后加入 1/2 份洋葱条。（图 a）

5. 煮至沸腾后调至较弱的中火，盖上锅盖，煮 1 ~ 2 分钟让鸡腿肉块熟透。此时打开锅盖，调至中火，均匀地向锅内浇上 2/3 份蛋液，再盖上锅盖，煮约 30 秒。待鸡蛋煮至半熟状态，将剩下的蛋液沿锅边浇入。继续煮 1 分钟至 1 分 30 秒后加入一半鸭儿芹段，关火。可根据个人喜好盖上锅盖闷一段时间。

6. 碗中盛入米饭，将步骤 5 的材料顺着锅的边缘平整地浇到米饭上（握住锅的手柄轻轻摇晃，一点一点将材料漂亮地转移到碗内）。

7. 另 1 份盖饭按相同方法制作。根据个人喜好，可适量撒上七味粉。

秋刀鱼什锦蒸饭

每当有很多人来家里做客时，我都会用时令食材做什锦蒸饭来招待大家。春天我会用竹笋，秋天我便使用秋刀鱼和菌类蔬菜来做。这道什锦蒸饭是由切成片后再烤制的秋刀鱼与米饭一起蒸制而成的，并没有鱼的腥气，反而很香。在每年收获新鲜大米的时候，我总是会多次做这道什锦蒸饭。

材料　4 人份

秋刀鱼……1 条

大米……400 ml（2 杯）

牛蒡……1/2 根（80 g）

胡萝卜（小）……1/2 根（50 g）

蟹味菇……1 袋（100 g）

高汤……约 2 杯

梅干……1 颗

盐……适量

A | 薄口酱油……1 大勺
  | 酱油……1/2 大勺
  | 味醂、酒……各 1 大勺

E 420 千卡　T 40 分钟

做法

1. 将大米淘洗干净后沥干，放置约 15 分钟。

2. 将牛蒡削皮后切成竹叶状薄片，用水冲洗后沥干。胡萝卜同样切成竹叶状薄片。蟹味菇去蒂后一朵朵分开，将其中较长的切为两段。

3. 秋刀鱼去头及内脏后用三片刀法片开，再将每一片鱼肉都横向对半切开，撒上适量盐，放烤网上用大火烤 3 分钟。

4. 将 A 料混合，再加入高汤混合均匀。

5. 将淘好的大米放入砂锅（或锅壁较厚的锅）中铺平，再放上步骤 2 和 3 的材料及梅干。沿着锅边倒入步骤 4 的汤料，盖上锅盖，大火加热。待沸腾后调至小火，继续煮约 10 分钟。最后的 30 秒至 1 分钟时调至大火，关火后闷 10 分钟。

6. 吃之前将梅干去核，再一边将秋刀鱼片与梅干捣碎，一边将所有食材混合搅拌。

罗勒叶鸡肉咖喱饭

　　无论是在外面工作时制作美食，还是在家里为家人准备料理，我都经常会做咖喱。我关于咖喱的食谱，虽然没有认真数过，但起码也有 50 种。

　　用充分利用香辛料制作而成的自制咖喱酱，搭配满满的鸡肉与罗勒叶，这是我从一位好朋友那里学到的技巧。

　　能否将洋葱炒至呈米黄色会影响整道咖喱饭的美味程度，所以我总是很用心地炒好洋葱。如果时间宽裕的话，将咖喱酱做好后放置一晚，味道会更佳。

材料　4 ～ 5 人份

咖喱酱

洋葱……3 个（600 g）

番茄……1 个（150 g）

蒜泥……40 g

姜泥……50 g

红辣椒（去籽后切成末）……1 个

汤①……6 杯

月桂叶……2 片

黄油……50 g

色拉油……2 大勺

面粉……$2\frac{1}{2}$ 大勺

A	咖喱粉……4 大勺
	香菜粉……1 大勺
	姜黄粉……1/2 大勺
	三味香辛料……1/2 大勺
B	番茄酱……$1\frac{1}{2}$ 大勺
	伍斯特辣椒酱……1 小勺

鸡腿（去骨取肉）……2 根（500 g）

罗勒叶（新鲜，切碎）

　……50 g（可食用部分）

白葡萄酒……1/4 杯

米饭（温热）……适量

酱油醋煮蛋（参照下方说明）……适量

福神酱菜（市面购买）……适量

西式泡菜（参照 p.75）……适量

盐……5/6 小勺

胡椒粉……少许

橄榄油……1 大勺

E 830 千卡　T 1 小时 45 分②

①用 2 大勺颗粒状速食汤料（西式）与 6 杯开水溶解而成。

②制作酱油醋煮蛋、西式泡菜的时间除外。

做法

制作咖喱酱

1.将洋葱纵向对半切开后再切成细丝。番茄去蒂后用水烫法（※ 译注：将番茄放入沸水中烫后再放入冷水中剥皮的方法）去皮，再用手捏碎。

2.取一个较大的煎锅，放入黄油与色拉油加热，待黄油化开后放入蒜泥、姜泥，中火炒至散发香味（注意不要炒焦）。

3.加入洋葱丝，中火翻炒约 10 分钟以去除多余的水。再加入红辣椒末，调至小火，翻炒 30 ～ 40 分钟，直到洋葱丝变成米黄色。

4.将面粉分 2 ～ 3 次倒入锅中，炒拌均匀。（图 a）

5.将混合后的 A 料分 2 ～ 3 次加入，继续炒至没有粉末凝结且香气四溢。

6.将一半汤一点点倒入锅中，一边倒一边搅拌。放入番茄碎，炒拌均匀后将剩下的汤、月桂叶一起加入，用小火熬煮约 20 分钟并不时搅拌。接着加入 B 料混合均匀，咖喱酱便制作完成了（若将咖喱酱装入拉链式保鲜袋中冷冻，可保存长达 1 个月左右）。（图 b）

7.鸡腿肉切成可一口食用的小块后装入碗中，撒上 1/3 的罗勒叶碎、1/3 小勺盐、少许胡椒粉腌渍。

8.取一个较大的煎锅，将全部咖喱酱加热，备用。

9.向另一个煎锅中倒入橄榄油，大火加热，加入步骤 7 的材料翻炒。待鸡腿肉块变色后倒入白葡萄酒，待酒精挥发后，将鸡腿肉块倒入步骤 8 的咖喱酱中。（图 c）

10.熬煮一会儿后加入 1/2 小勺盐调味，倒入剩下的罗勒叶碎搅拌。（图 d）

11.餐盘中盛入米饭，浇上步骤 10 的咖喱，搭配酱油醋煮蛋、福神酱菜、西式泡菜等食用。

酱油醋煮蛋的制作方法　便于制作的分量

将 2 大勺酱油、1 大勺醋、1 小勺砂糖混合后倒入拉链式保鲜袋中，再将 6 ～ 8 个去壳的煮鸡蛋放入其中。排出空气后将保鲜袋封紧口，在冰箱中放置 2 ～ 3 小时（放置一整晚鸡蛋会更加入味）。

E 80 千卡（1 个）　T 15 分钟③

③冰箱中放置的时间除外。

罗勒盖饭

这道盖饭里有甜辣味的鸡肉末、豆芽、煎蛋等，又搭配了满满的新鲜罗勒叶、薄荷叶，最后食用时再挤上几滴酸橙汁，味道简直妙不可言。

材料　4 人份

鸡腿（去骨取肉）……2 根（500 g）

青椒、红菜椒……各 2 个

洋葱……1/2 个（100 g）

绿豆芽……1 袋

大蒜（切碎）……1 瓣

红辣椒（去籽后切成小圆圈）……1 个

罗勒叶（新鲜）……适量

鸡蛋……4 个

米饭（泰国香米①，温热）……适量

薄荷叶、香菜、酸橙……各适量

色拉油……3$\frac{1}{2}$ 大勺

盐、黑胡椒粉（粗颗粒）……各适量

A｜蚝油……2 大勺
　｜酱油……2 大勺
　｜鱼露……1$\frac{1}{2}$ 大勺
　｜砂糖……1 大勺

E 770 千卡　T 30 分钟

①无法准备的情况下使用普通大米亦可。

做法

1. 青椒、红菜椒先纵向对半切开后去籽、去蒂，再横向切成 1.5 cm 宽的条。洋葱先横向对半切开，再切成与青椒条、红菜椒条大小大致相同的条。绿豆芽洗净后去根，沥干水。

2. 制作鸡肉末。去除鸡腿肉多余的脂肪，将其中一块切成 4 ~ 5 mm 见方的末，另一块切成 7 ~ 8 mm 见方的末，用刀面轻轻拍打（用两种不同大小的鸡肉末，吃起来口感会富有变化。比起做成肉泥，肉末更能让人品尝到鸡肉的美味）。

3. 将 A 料混合搅拌，备用。

4. 取一个较大的煎锅，倒入 1 大勺色拉油大火加热，加入鸡肉末翻炒。鸡肉末约五成熟后加入混合好的 A 料、红辣椒圈和 3 ~ 4 片切碎的罗勒叶，中火煮约 3 分钟。煮至锅中仅剩少许汤汁时关火。

5. 另取一个煎锅，倒入 1 大勺色拉油加热后放入大蒜碎翻炒。待蒜香四溢后加入洋葱条、青椒条和红菜椒条，大火炒至适宜状态，撒少许盐、黑胡椒粉调味，盛出备用。

6. 向步骤 5 的煎锅中再倒入 1 大勺色拉油，加入绿豆芽，大火翻炒（用大火迅速翻炒能够让绿豆芽保持清脆的口感），撒少许盐、黑胡椒粉调味后盛出。

7. 向步骤 6 的煎锅中倒入 1/2 大勺色拉油加热，磕入 1 个鸡蛋，煎出边缘焦脆的煎蛋。用同样的方法煎好剩余 3 个鸡蛋。

8. 将米饭盛入餐盘中，依次盛上步骤 4、5、6 的材料与煎蛋。根据个人喜好配上适量罗勒叶、薄荷叶与香菜，挤上适量酸橙汁。

自制生姜汁

　　我经常会把生姜切成薄片，再加水和三温糖煮成生姜汁。因为制作方便，所以我把这道生姜汁推荐给那些想要尝试制作手工饮品、耐存放食物的读者。在酷暑时节，可以将生姜汁用碳酸水兑成生姜汽水，或是做成冰姜茶；在寒冷的冬季，则可以将生姜汁兑些开水、热牛奶饮用。生姜汁一年四季都可以享用，煮过的姜片还可以再用来泡在红茶里。

做法

1. 将 100 g 生姜去皮，洗净，切成薄片。

2. 向锅中加入 2 杯水煮沸，再加入 200 g 三温糖使其溶解。用小火将糖水熬煮 10 分钟后加入生姜片，继续煮 5 ~ 8 分钟，关火。

3. 在筛篱中垫上厨房纸巾，将步骤 2 的生姜汁过滤。待生姜汁稍稍放凉至不烫手后，将其装入干净的瓶中，放入冰箱中冷藏保存。

※ 生姜汁放入冰箱中冷藏大约能存放 1 周左右，但为了保证生姜汁的鲜美，建议尽量少量多次制作。

半干圣女果意面

我特别喜欢吃甜甜的圣女果,无论何时打开我家的冰箱,都能发现圣女果的影子。我不仅生吃,还经常把圣女果加入各种料理中。我还会将圣女果放进低温的烤箱里,把它们慢慢地烤至半干状态。

享用半干圣女果的方法很多,比如把它们拌进意大利面里配上马苏里拉奶酪食用。有了这些亲手制作的半干圣女果,你就能变化出许许多多新的料理。

材料　1 人份

橄榄油渍半干圣女果

| 圣女果……2 盒(400 g)
| 橄榄油……适量

意大利面(1.6 mm 粗)……80 g

绿紫苏叶(切成细丝)……20 片

帕尔马干酪……适量

盐……适量

黑胡椒粉(粗颗粒)……少许

E 600 千卡　T 55 分钟①

①圣女果烤后散热时间除外。

做法

制作油渍半干圣女果

1. 将圣女果去蒂后对半切开,切口朝下放置在厨房纸巾上,轻轻吸掉切口的汁。

2. 在烤箱烤盘中铺上烤箱用纸,再将圣女果切口朝上摆在烤箱用纸上,放入预热至 120℃ 的烤箱中烤 40 ~ 50 分钟。(图 a)

3. 将圣女果取出,散热后放入干净的保存容器中,倒入橄榄油直至其没过圣女果,然后将圣女果放入冰箱中冷藏保存。(圣女果用橄榄油腌渍过后可以立刻食用。每次可以少做一点,做 2 ~ 3 天可以吃完的量即可。)

制作半干圣女果意面

4. 将意大利面放入加了盐的开水中,按照包装袋说明煮熟后捞出,沥干水。向大碗中倒入步骤 3 的圣女果(每人约 10 瓣)、2 ~ 3 大勺腌渍过圣女果的橄榄油,然后加入煮熟的意大利面快速搅拌,撒少许盐、黑胡椒粉调味。

5. 装盘,在意大利面上撒上绿紫苏叶丝、帕尔马干酪。

圣女果如果烤制过度,就会出现其他杂味,因此半干为最佳状态。

材料　4人份

意大利面（1.6 mm 粗）……320 g

混合肉末……500 g

培根（薄片）……50 g

洋葱……1个（200 g）

胡萝卜（小）……1/2 根（50 g）

芹菜……1/2 棵（50 g）

香菇……1 袋（100 g）

大蒜（切碎）……1 瓣

红葡萄酒……1/2 杯

蔬菜肉酱调味汁（罐装）……1 罐（290 g）

番茄酱……1 杯

帕尔马干酪（或奶酪粉）、盐……各适量

橄榄油……2 大勺

黑胡椒粉（粗颗粒）……少许

香草

罗勒、百里香（新鲜）……各 2 ~ 3 棵

迷迭香（新鲜）……1 ~ 2 棵

月桂叶……2 片

A｜伍斯特辣椒酱……1 大勺

番茄酱……2 大勺

盐、黑胡椒粉（粗颗粒）……各适量

E 830 千卡　T 45 分钟

做法

1. 将培根切碎。芹菜去筋，和洋葱、胡萝卜分别切成 3 ~ 4 mm 见方的碎末。香菇去柄，等分成 4 ~ 5 片。

2. 向煎锅中倒入橄榄油，用中火加热，放入蒜碎炒香，加入培根碎继续翻炒。

3. 加入混合肉末，撒上少许盐、黑胡椒粉继续翻炒。接着加入洋葱末、胡萝卜末、芹菜末，最后加入香菇薄片翻炒。

4. 向锅中倒入红葡萄酒，翻炒片刻让酒精挥发。加入蔬菜肉酱调味汁、番茄酱，然后加入所有香草，略搅拌，转小火煮 20 ~ 25 分钟。加入 A 料调味，关火。

5. 向另一个锅中加入水和少许盐煮沸，将意大利面根据包装袋说明煮熟，沥干水后装在餐盘内。浇上步骤 4 的酱汁，根据个人喜好撒上帕尔马干酪。

将肉酱涂在切成块的法式长棍面包上，再撒上比萨用奶酪，放入烤箱中烤至焦脆，味道也很棒哟！

意大利肉酱面

如果要选出一种我们全家人都喜欢的意大利面，那一定是意大利肉酱面。

把肉末与切碎的培根一起炒出肉香，再加上香草一起熬煮，味道会十分鲜美。

因为肉酱可以冷冻保存，所以可以一次性多做一些，放进冰箱中冷冻保存起来，需要的时候拿出来加热就可以。

我最爱的干菜

　　可能是从我很小的时候开始母亲就经常做一些干羊栖菜、干萝卜丝、煮大豆等干菜料理的缘故，我对干菜料理可谓是情有独钟。所以现在，我家的厨房里总是储备着各种各样的干菜。如果把它们放进架子太里面的位置，就可能会放坏，所以我把它们都装进保存容器里，贴上标签，放在可以一眼看到的地方。

　　在这些干菜中，我尤爱大豆。为了能够随时吃到大豆干菜料理，我总是将大豆一袋袋地煮好后冷冻起来。煮的前一晚，我会把大豆放进满满的一盆水里，使其恢复水分，再用这盆水将大豆煮到尚带着点嚼劲。捞出之前先尝一颗，确认煮大豆是否是自己喜欢的硬度。煮好之后将煮大豆捞出放凉。冷冻保存的煮大豆可以再次加热，做成其他料理，比如和羊栖菜一起煮、放进米饭或者咖喱里煮，用不同的烹饪方式做出的大豆干菜料理都很美味。在某个空闲的周末午后，看着锅里咕嘟咕嘟地煮着大豆，对我来说是十分幸福的。

大豆什锦菜

　　我特别爱吃大豆，如果在冰箱里时常备一些大豆什锦菜，就会让我感到安心。为了让自己和家人可以吃得畅快，我总是把这道大豆什锦菜的味道做得稍微清淡一些，就连调料我也固定了用量。用冰箱里剩下的油炸豆腐、水煮竹笋、炸鱼丸等拌着大豆一起吃，也是不错的选择。因为经常会突然就想吃这道料理，所以我会把大豆煮好后分成若干小份，放进冰箱中冷冻保存。

a

　　在添加调料之前，先尝尝汤汁的味道，然后适当增减调料的量，以做出自己喜欢的味道。

材料　便于制作的分量

大豆（煮熟）……2 杯（300 g）

干香菇……6 朵

魔芋……1 片（220 g）

藕……1 节（150 g）

胡萝卜……1 根（150 g）

高汤……2 杯

砂糖、酱油……各 1 ~ 2 大勺

A｜砂糖、味醂、酱油……各 2 大勺

E 930 千卡（全部分量）　T 35 分钟①

①干香菇泡发、成品放置入味的时间除外。

做法

1. 干香菇清洗后放进 1/2 杯水中泡发。泡好后捞出，将水攥干，去柄后切成 1 cm 见方的丁。

2. 魔芋用手撕成约 1 cm 见方的丁后迅速焯一遍，用笊篱捞出，将水沥干。藕去皮后切成 1.5 cm 见方的丁，再放入水中浸泡一会儿，捞出，将水沥干。胡萝卜去皮后切成 1 cm 见方的丁。

3. 将高汤与 A 料倒入锅中煮沸，放入除藕丁以外的所有材料。盖上锅盖，用较弱的中火煮 7 ~ 8 分钟。

4. 尝味（图 a）后加入砂糖、酱油，放入藕丁，不盖盖继续煮 5 分钟。待汤汁变稠、藕煮熟后将锅轻轻摇晃，翻动食材，关火，闷一段时间使食材入味。

a

大豆咖喱炒饭

大豆放进咖喱中十分美味，因此我经常利用冰箱里剩下的蔬菜和肉类做大豆咖喱炒饭。做这道炒饭可以用肉末，也可以用稍大一点的碎肉块。无论是冰箱中冷藏保存的食材，还是冷冻保存的食材，烹饪出来都很美味。

材料　4 人份

大豆（煮熟）……1 杯（约 150 g）

干香菇（泡发）……4 朵

牛肉末……300 g

胡萝卜……50 g

洋葱……1/2 个

青椒……3 个

大蒜（切成末）……1 瓣

猪排酱、番茄酱、色拉油……各 1 大勺

糙米饭、芝麻面包(参照右上方说明)、喜欢的腌菜、
　盐、胡椒粉……各适量

A ｜ 咖喱块（薄片型）……2 大勺

　　咖喱粉……1 大勺

　　喜爱的香辛料①（2 ~ 3 种为宜）……各少许

E 610 千卡②　T 15 分钟③

①三味香辛料、孜然、姜黄粉、香菜粉等粉末状香辛料皆可。

②芝麻面包的热量除外。

③泡发干香菇、制作芝麻面包的时间除外。

做法

1. 将香菇去柄后切成 1 cm 见方的丁。胡萝卜、洋葱、青椒切成 7 ~ 8 mm 见方的丁。

2. 用笊篱将煮熟的大豆捞出并沥干水。

3. 向煎锅中倒入色拉油，开火加热，放入蒜末炒香，然后倒入牛肉末炒至变色，撒入少许盐、胡椒粉。

4. 向煎锅中依次加入步骤 1 中除青椒丁以外的所有材料，加入 A 料搅拌，再加入大豆与青椒丁翻炒。接着加入番茄酱、猪排酱，以及适量盐、胡椒粉调味。装盘，根据个人喜好搭配糙米饭、芝麻面包、腌菜等。

芝麻面包的制作方法　8 个

1. 参照 p.34 简易烧烤网烤面包的步骤 1 ~ 3，制作烤面包用的面团。

2. 将面团揉至约 1 cm 厚，用圆环（糕点制作工具）压切出一个个圆面团。在圆面团的一面沾少许水，再沾上适量芝麻。

3. 将烧烤网（或烤鱼用烤网）预热 2 分钟，再将步骤 2 的面团放置在烤网上加热。当一面烤至变色后翻面，继续烤至面团中心区域也充分受热。

E 130 千卡（1 个）　T 30 分钟

油炸羊栖菜南瓜饼

在空闲的时候，我经常煮羊栖菜。单煮羊栖菜的时候，我通常会在最后放入大量的生姜，这样煮出来的羊栖菜既可以直接吃，也可以拌在米饭里，还可以放到沙拉里。另外，将煮好的羊栖菜与南瓜一起制成炸南瓜饼，又有完全不同的味道。有时候朋友突然来访，我就做一些小小的西洋梨状的南瓜饼，再配上一杯白葡萄酒，便可以和朋友一同度过一段愉快的时光。

材料　20 个

生姜煮羊栖菜（参照左下方说明）……60 g

南瓜（小）……1/4 个（食用部分约 250 g）

鲜奶油……2 ～ 3 大勺

荷兰芹叶柄（带叶）……适量

酸橘（纵切成 4 等份）……适量

煎炸用油……适量

面衣

| 面粉、蛋液、面包粉……各适量

E 55 千卡（1 个）　T 20 分钟

做法

1. 将南瓜去籽、去皮（一直切到没有绿色的部分），再切成大块。

2. 在耐热器皿中铺好厨房纸巾（微波炉可用型），将南瓜块铺在厨房纸巾上，用保鲜膜盖住耐热器皿，再将它放入微波炉（600 W）中加热 3 分 30 秒至 4 分钟，直至南瓜块变软。

3. 将耐热器皿从微波炉中取出，取走保鲜膜及厨房纸巾，趁热将南瓜块均匀捣碎，加入鲜奶油、生姜煮羊栖菜充分搅拌。

4. 将步骤 3 的材料分成 20 等份后揉成圆球，再撒上面粉，沾上蛋液、面包粉，揉成西洋梨的形状。

5. 把步骤 4 的材料放入 180℃的煎炸用油中，炸至金黄。炸好捞出后摆盘，用牙签在顶部扎一个小孔，插入荷兰芹叶柄。根据个人喜好还可搭配上酸橘块。

生姜煮羊栖菜的制作方法

便于制作的分量

1. 将 50 g 干羊栖菜芽洗净，在水中泡 10 ～ 15 分钟，充分泡发后用笊篱捞出，将水沥干。

2. 取一个小锅放入酱油、味醂各 3 大勺，再加入 2 大勺砂糖，搅拌，煮沸。待砂糖完全溶解后加入步骤 1 中的羊栖菜芽，用中火煮 5 分钟左右，直到汤汁基本收干。

3. 关火，加入约 50 g 姜末搅拌均匀，散热后转移到保存容器中。

※ 这道料理放入冰箱中可冷藏保存 4 ～ 5 日。

E 280 千卡（全部分量）　T 15 分钟①

①干羊栖菜芽泡发、成品放置入味时间除外。

干萝卜丝
民族风味菜肉蛋卷

在家里，我总会做很多味道清淡的煮干萝卜丝备用。这些煮干萝卜丝既可以直接食用，又可以用在我喜欢的鱼露风味煎蛋卷里。如果不喜欢放香菜，你可替换成水芹、鸭儿芹或者葱。

材料　便于制作的分量

淡味煮干萝卜丝（参照右下方说明）……1 杯
鸡蛋……4 个
香菜……2 棵
猪肉……100 g
鱼露……2 小勺
盐、胡椒粉、色拉油……各适量
E810 千卡（全部分量）　T15 分钟

做法

1. 将香菜切成 1 ～ 2 cm 长的段。猪肉切成可一口吃下的小块。
2. 将鸡蛋在碗中打散，搅拌均匀，加少许盐、胡椒粉调味。
3. 向煎锅中倒入适量色拉油加热，放入猪肉块，撒上少许盐、胡椒粉，加入鱼露翻炒。
4. 向步骤 2 的蛋液中放入淡味煮干萝卜丝及炒好的猪肉块，再加入香菜段轻轻搅拌。
5. 再一次往煎锅中倒入适量色拉油加热，将步骤 4 的材料慢慢倒入锅中，大幅度搅拌，趁鸡蛋在半熟状态时调整形状，做成鸡蛋卷。还可根据个人喜好配上香菜（分量外）食用。

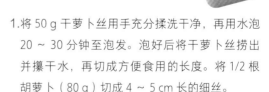

淡味煮干萝卜丝的制作方法
便于制作的分量

1. 将 50 g 干萝卜丝用手充分揉洗干净，再用水泡 20 ～ 30 分钟至泡发。泡好后将干萝卜丝捞出并攥干水，再切成方便食用的长度。将 1/2 根胡萝卜（80 g）切成 4 ～ 5 cm 长的细丝。
2. 取一个小锅倒入 1 杯高汤，再放入酱油、生抽、砂糖、酒、味醂各 1 大勺，混合均匀后煮沸。再加入干萝卜丝及胡萝卜丝，用中火煮约 5 分钟。
3. 待汤汁快要收干时，关火放置一会儿，使食材入味，待散热后再转移到保存容器中。
※ 这道料理放入冰箱中可冷藏保存 3 日。
E 270 千卡（全部分量）　T 15 分钟①
①干萝卜丝泡发、成品放置入味时间除外。

材料　4 人份

干香菇……3 朵

鸡腿（去骨取肉）……1 根

牛蒡……1 根（120 g）

藕……1 ~ 2 节（220 g）

胡萝卜……1 根（150 g）

水煮竹笋……1 个（150 g）

魔芋……1 片（270 g）

色拉油……2 大勺

A│ 高汤……1/2 杯

　│ 砂糖……4 大勺

　│ 酱油……4 大勺

　│ 味醂……2 大勺

　│ 酒……2 大勺

E 300 千卡　T 25 分钟[①]

①干香菇泡发、成品放置入味的时间除外。

做法

1. 将干香菇放入装有少量水的碗中泡 30 分钟至 1 个小时，使其泡发。（图 a）泡好后取出，将水攥干，去柄后切成 4 等份。

2. 将牛蒡去皮后斜切成 1.5 cm 宽的条，用水冲洗一遍后沥干。藕去皮后切成半径长 1.5 ~ 2 cm 的扇形的块，用水冲洗后沥干。胡萝卜去皮后切成半径长 1.5 cm 的圆柱形或半月形的块。水煮竹笋下半部切成半径长 1 cm 的扇形的块，再将上半部纵切成 4 等份。

3. 将魔芋用手撕成可以一口吃下的块，入锅煮熟并撇去浮沫。

4. 鸡腿肉切成可一口吃下的块。

5. 将 A 料倒入小锅中，开火加热，煮沸后关火。

6. 取另一个较深的煎锅，倒入 1 大勺色拉油加热，放入鸡腿肉块煎炒。炒至鸡腿肉块变色后依次加入牛蒡条、魔芋块、香菇块、水煮竹笋块以及胡萝卜块，再倒入 1 大勺色拉油，一边翻炒一边倒入步骤 5 的汤汁。

7. 煮沸后撇去浮沫，盖上锅盖，中火继续煮约 5 分钟。加入藕块，再煮 5 分钟。待汤汁快收干时关火，放置片刻使食材入味。

红烧鸡块

这道红烧鸡块我和家人都百吃不厌。每到根茎类蔬菜收获的季节，我总是会反复做这道料理。将蔬菜都切成同等大小，既美观又美味。逢年过节，在我家的家宴上，这道料理都是必不可少的。

泡发干香菇时，为了使香菇的风味不流失，要尽量控制水量，以其刚好能被干香菇全部吸收为最佳。如果想用浸泡干香菇的水做汤，那么多放一点水也是可以的。

a

香菇葫芦干寿司卷

一想到要从头开始做寿司卷，你可能就会觉得很麻烦，但是如果利用周末或其他空闲时间把需要用到的葫芦干、香菇等事先煮好，再来做寿司卷就简单多了。把寿司卷的食材满得都快要溢出来的两端捏紧，是我做这道料理时最享受的地方。

材料　2根

甜辣口味煮葫芦干（参照 p.65）
　……约 1/4 的量
煨炖香菇（参照 p.65）
　……4 ~ 6 朵
黄瓜……1/2 ~ 1 根
烤紫菜（整片）……2 片

寿司饭
| 米饭（温热）……约 330 g
| 寿司醋……3 大勺
| 鲜榨香橙汁……1 大勺

煎蛋卷
| 鸡蛋……2 个
| 砂糖……4 小勺
| 酒……2 小勺
| 盐……少许
| 色拉油……适量

E 500 千卡（1 根）　T 20 分钟

做法

制作寿司饭

1.将寿司醋均匀倒入刚煮好的米饭中，充分搅拌，然后加入鲜榨香橙汁继续搅拌。

制作煎蛋卷

2.鸡蛋磕入碗中，加入砂糖、酒、盐搅拌均匀。

3.向玉子烧煎锅中加入适量色拉油加热，用厨房纸巾将色拉油均匀抹满整个锅底。将一半步骤 2 中的蛋液倒入锅内，铺成薄薄的一层，趁其处于半熟状态时，迅速地从另一端开始向自己的方向卷起，将其煎成细条状的煎蛋卷。煎好之后，趁热用烤箱用纸将煎蛋卷包住，使其定型。用同样方法，再制作另外一根煎蛋卷。

※ 玉子烧煎锅最好使用和烤紫菜宽度（21 cm）相近的。如玉子烧煎锅较小，可以将其转换一下方向，使用长边即可。（图 a）

准备其他食材

4.将黄瓜先斜着切成片，再切成细丝。葫芦干切成和烤紫菜的宽度相匹配的条。香菇也切成薄片。将这些食材各分成两份，分别用于两根寿司卷。

卷

5.先在卷帘上铺上 1 片烤紫菜，然后将一半寿司饭平铺在烤紫菜上，并在卷完收边的一侧留 2 cm 左右不铺，以给寿司饭扩展的空间（要把烤紫菜开始卷的一侧及左右两端都均匀地铺上寿司饭）。在寿司饭的正中放上葫芦干条和香菇丝，并在它们靠近自己的一侧放上黄瓜丝，另一侧放上煎蛋卷。将铺满寿司饭的一端抬起，向下轻按，这样一边按一边卷至留有空间的收边处，撤掉卷帘。（图 b、c）用相同方法制作另外一根寿司卷。

6.用刀将每根寿司卷都切成 6 等份，装盘。

a

b

c

甜辣口味煮葫芦干的制作方法

便于制作的分量

1. 将 40 g 葫芦干清洗干净，用水浸泡 10 分钟，将其泡发。将葫芦干沥干水后撒 1/2 小勺盐揉搓，再用水清洗。
2. 锅内倒入水煮沸，将较薄的葫芦干煮约 5 分钟、较厚的煮约 15 分钟，直至葫芦干变得柔软，将其捞出。
3. 锅内加入 1 杯高汤，以及砂糖、味醂、酱油各 3 大勺煮沸，加入煮好的葫芦干，盖上锅盖，用小火煮 15 ~ 20 分钟，直至汤汁基本收干。
4. 关火，静置使葫芦干入味。待葫芦干散热后，将其转移到保存容器中。

※ 这道料理放入冰箱中可冷藏保存 4 ~ 5 日。

E 350 千卡（全部分量）　T 40 分钟[1]

①葫芦干泡发、成品静置入味时间除外。

煨炖香菇的制作方法

便于制作的分量

1. 将 18 ~ 20 朵（约 70 g）干香菇用较少的水（1 ~ 1$\frac{1}{4}$ 杯）浸泡 0.5 ~ 1 个小时，将其泡发。将香菇轻轻攥干水，去柄。
2. 向锅中倒入 1 杯高汤，以及砂糖、味醂、酱油各 2 大勺，混合均匀后煮沸，加入处理好的香菇，盖上锅盖，用小火煮约 10 分钟。再加入 1 大勺酱油、1/2 大勺砂糖，继续煮 5 ~ 10 分钟，直至汤汁基本收干。
3. 关火，静置使香菇入味。待香菇散热后将其转移到保存容器中。

※ 这道料理放入冰箱中可冷藏保存 4 ~ 5 日。

E 300 千卡（全部分量）　T 30 分钟[1]

①干香菇泡发、成品静置入味时间除外。

海带丝拍松牛肉沙拉

我作为料理家初出茅庐的时候，一起工作的总编辑给了我一份特产——干熟海带丝〔※译注：指将生海带煮熟后切成2～3 mm 宽，去除黏液后再晒干的海带丝。其特征是因为煮过一次，所以盐分少、口感柔软，遇水能够迅速复原。〕，那是我第一次见到这种海带丝。在思考要用它做出什么美味佳肴时，我脑海里立刻就浮现出海带丝与牛肉的组合。如果在成品上再浇上番茄口味的沙拉调料，这一组合就会好吃得令人惊讶。

材料　4 人份

干熟海带丝……10 g
牛肉（腿肉，块状）①……300 g
萝卜……5 cm（约 200 g）
色拉油……少许
A｜盐、胡椒粉……各少许

番茄口味沙拉调料②

番茄酱……2 大勺
番茄汁……1 大勺
味酥③……4 大勺
酱油……4 大勺
砂糖……1 小勺
姜泥……1 大勺
蒜泥……1 小勺
芝麻油……1/2 大勺

E 190 千卡　T 25 分钟④

①放置在室温下解冻。
②便于制作的分量。
③如果介意味酥中酒精的味道，可以加热使酒精挥发。
④干熟海带丝泡发时间除外。

做法

1. 制作拍松牛肉。将整块牛肉涂抹上 A 料。取一个煎锅，倒入少许色拉油加热，将牛肉放入锅内大火煎烤，烤至牛肉每个侧面的颜色都恰到好处时转中火，使牛肉内部也均匀受热。根据个人喜好，将牛肉烤至相应的熟度，放凉后切成薄片。

2. 将干熟海带丝洗净，放入足量的水中浸泡 10～15 分钟，将其泡发，捞出后将水沥干，切成方便食用的长度。萝卜切丝。

3. 向碗中倒入番茄口味沙拉调料的材料，充分搅拌。

4. 将步骤 2 中的海带丝与萝卜丝搅拌均匀，盛入餐盘中，放上步骤 1 的牛肉片，浇上适量步骤 3 的调料即可。

海带丝煮胡萝卜

这是一道每天都想要吃一点儿的小菜，因此我总是在周末做上一大盘保存起来。特别是把它和刚煮好的米饭一起吃，味道美极了。胡萝卜要最后放，以保留它脆嫩的口感。

材料　便于制作的分量

海带丝（干）……1袋（35 ~ 40 g）

胡萝卜……1/2根（约80 g）

白芝麻……适量

A | 酱油……3大勺
　| 味酥……2大勺
　| 酒……2大勺
　| 砂糖……1大勺

E 210千卡（全部分量）　T 25分钟①

①干海带丝泡发、成品静置入味时间除外。

做法

1. 将干海带丝洗净后浸泡15分钟左右至泡发，用笊篱捞出，将水沥干。胡萝卜切成5 ~ 6 cm长的细丝。

2. 向小锅中倒入A料煮沸，放入海带丝，用小火保持咕嘟咕嘟的沸腾状态熬煮5分钟左右，直至汤汁只剩一点儿。

3. 加入胡萝卜丝搅拌，关火。静置放凉，使食材入味。装盘，撒上白芝麻。

※ 如果想要长时间保存，建议先不要加入胡萝卜丝。在只有海带的情况下，这道小菜放入冰箱中可冷藏保存约10日。加过胡萝卜丝后建议在3 ~ 4日内食用完毕。

海带丝炒藕片

这道料理我已经连续做了30余年，承载着我满满的回忆。在招待客人的宴席上，这道料理总是最快被吃完，非常受欢迎。在选择食材的时候，还可以把藕换成牛蒡。

材料　4人份

干熟海带丝……20 g

藕……500 g

绿紫苏叶（切细丝）……10片

色拉油……2大勺

A | 酱油……$3\frac{1}{2}$ ~ 4大勺
　| 高汤……2大勺
　| 味酥……1大勺
　| 砂糖……1/2 ~ 1大勺

E 160千卡　T 20分钟①

①干熟海带丝泡发时间除外。

做法

1. 将干熟海带丝洗净，放入足量的水中浸泡10 ~ 15分钟至泡发，捞出沥干水，切成方便食用的长度。

2. 藕去皮，切成圆形或半月形的薄片，用水冲洗后沥干。

3. 向煎锅中倒入色拉油加热，用大火将藕片炒至颜色透明。

4. 往锅中倒入混合好的A料，待藕片与汤汁混合均匀后关火，加入海带丝，快速搅拌。

5. 散热后转移到保存容器中。食用时撒上绿紫苏叶丝。

※ 这道料理放入冰箱中可冷藏保存3日。

点缀餐桌的小菜

凉拌小松菜、芝麻拌菜豆、香辣腌渍炸茄子等小菜，是我们家餐桌上每顿都必不可少的料理。为了每天晚上都喜欢喝点儿酒的丈夫，我现在也很期待打开冰箱，用里面的食材烹饪的那个时刻。

这些小菜都是非常容易做的，但越是简单就越要用心，比如要仔细地切、精致地装盘。因为我认为，这份用心会让料理的美味程度大不一样。虽然我不知道这样的用心有没有很好地传递给家人，但这些小菜能在家人喜爱的料理中名列前茅，于我来说已是十分幸福的事。女儿和儿子回家来看我们的时候，也经常会要求吃自己喜欢的小菜："我想吃那道小菜。"

在今后的日子里，我会一边继续烹饪这些大家已经吃习惯的美味，一边去尝试更多新的小菜。这也是我对未来烹饪的一份期待。

凉拌小松菜

我喜欢把每一道简单的小菜都做得十分精致。把焯过的小松菜整齐地摆到餐盘里，让装盘也成为一件有趣的事情。

材料 4人份

小松菜……1把（400g）

干鲣鱼片……适量

盐……少许

汁料 | 高汤①……1$\frac{1}{2}$杯
| 薄口酱油、味醂②……各2大勺
| 盐……少许

E 40千卡　T 15分钟③

①室温下的高汤。

②事先加热使其所含酒精挥发。

③放入冰箱中冷藏的时间除外。

请将切好的小松菜整齐、漂亮地摆盘，浇上汁料后会呈现出鲜艳的绿色。

做法

1.将汁料的材料倒入碗中搅拌均匀（加入味醂是为了使味道变得更加柔和）。

2.将小松菜洗净，切除根部。

3.往锅内倒入水煮沸，加少许盐，将整把小松菜焯3次。焯时需将小松菜从根部开始放入沸水中，直到水没过叶片。将小松菜焯30秒至1分钟后，再按同样的入水顺序过一遍冰水，捞出，将其茎部对齐后，将水轻轻攥干。

4.将小松菜去掉根，切成4~5cm长的段，再次将水攥干后将其整齐地摆放到餐盘里，浇上步骤1调好的汁料，放入冰箱中冷藏。食用时连汁料一起装盘，撒上干鲣鱼片食用。

芝麻拌菜豆

受到爱吃芝麻的母亲的影响，我每天也会用芝麻烹饪一些料理。将芝麻先稍微翻炒一下，再放进研钵里磨出香味，也是我从母亲那里学来的妙招。

材料 4人份

菜豆……200g

黑芝麻……6大勺（约50g）

盐……适量

A | 砂糖……2大勺
| 味醂①……1/2大勺
| 酱油……1~1$\frac{1}{2}$大勺

E 110千卡　T 20分钟

①如果介意酒精的味道，可以加热味醂使其所含酒精挥发。

做法

1.择掉菜豆的筋，将每根菜豆都斜切成2~3等份，放入加过少许盐的煮沸的水中烫1~2分钟。将煮好的菜豆过一遍冷水后捞出，用布擦干水。

2.将黑芝麻放入煎锅中轻轻翻炒至出香，再倒入研钵中研至半颗大小的碎粒状。将A料依次加入黑芝麻碎中。

3.将菜豆段倒入研钵中搅拌。尝味，如果觉得味道过于清淡，可再加入少许盐调味。

材料　便于制作的分量

牛蒡（大）……1 根（200 g）

七味粉……适量

色拉油……1 ~ 2 大勺

A 砂糖……1 大勺

味醂……1 大勺

酱油……2 大勺

E 320 千卡（全部分量）　T 15 分钟

做法

1.将牛蒡用削皮器去皮，斜切成薄片后再切成细丝（先斜切成片再切丝，可以让每一根牛蒡丝的两头都呈尖状，口感更佳）。将牛蒡丝用水浸泡一会儿并撇去浮沫，再捞出将水沥干。

2.煎锅中倒入色拉油，用中火加热，将牛蒡丝倒入锅中翻炒。待牛蒡丝炒熟后，按顺序加入 A 料，并迅速翻炒均匀，使牛蒡丝入味。

3.因为牛蒡被切成了细丝状，所以切勿翻炒加热过度，待还剩一些汤汁时关火即可。装盘，可根据个人喜好撒上适量七味粉。

金平牛蒡

　　我在还只是一名专职主妇的时候，做金平牛蒡就一定会把牛蒡切成两头尖尖的细丝。之后也尝试过将牛蒡切成各种粗细的丝，但我到现在还是觉得这种细丝更令人满意。

黑醋煮牛蒡

　　黑醋是我最喜欢的调料之一。每当我想煮出一些深色料理的时候，黑醋就再合适不过了，而且它和牛蒡更是特别地搭配。把黑醋换成葡萄香醋做这道料理，品尝时再配上葡萄酒，又是另外一番风味。

材料　便于制作的分量

牛蒡（大）……2 根（400 g）

红辣椒（去籽，切成圈）……适量

色拉油……1 大勺

A 黑醋……4 大勺

砂糖、酱油……各 1 大勺

B 黑醋……2 大勺

酱油……1/2 大勺

E 440 千卡（全部分量）　T 25 分钟

做法

1.将牛蒡去皮，切成 5 ~ 6 cm 长的条，焯 4 ~ 6 分钟，捞出后将水沥干。

2.将 A 料、B 料分别倒入两个碗中混合搅拌。

3.锅中倒入色拉油加热，加入牛蒡条用大火翻炒，待牛蒡条均匀沾上油后倒入混合好的 A 料。

4.盖上锅盖，用中小火煮 5 分钟左右，其间揭开锅盖将牛蒡条翻动几次，煮至汤汁变少即可。

5.倒入混合好的 B 料，煮至汤汁基本收干后加入红辣椒圈，关火，装盘即可。

花生酱拌豆瓣菜

因为想让各国的客人都能尝到美味的芝麻酱拌菜，所以这道菜谱选择了在世界各国都能轻松买到的食材。豆瓣菜微微的苦涩搭配花生的香甜，简直再合适不过了。

材料 2人份

豆瓣菜……2把（100 g）

花生酱（带花生粒，加糖）……2大勺

盐……适量

A | 味醂①……1大勺
 | 酱油……2小勺
 | 砂糖……1小勺

E 130千卡　T 10分钟

①如果介意酒精的味道，可以加热使酒精挥发。

做法

1. 将豆瓣菜的茎和叶分开，均切至3cm长。

2. 将水烧开，放入少许盐，再依次倒入切好的豆瓣菜茎、叶焯20～30秒，捞出后过一遍冷水，将水攥干。

3. 在碗中倒入花生酱，加入A料充分搅拌。

4. 将步骤2的材料倒入步骤3的酱汁中简单搅拌，加入少许盐调味。

土佐醋拌胡萝卜芹菜丝

土佐醋拌菜味道清爽，我们家就像吃普通沙拉一样经常吃。我因为每天早上都要做蔬菜汁，所以总是在冰箱里备着胡萝卜和芹菜，于是我使用这两样食材做出的料理也很多。

材料 4人份

芹菜……2棵（250 g）

胡萝卜……1/2根（80 g）

酸橘（对半切开）……适量

土佐醋

 | 醋……1杯
 | 高汤……1/2杯
 | 砂糖……4大勺
 | 薄口酱油……2大勺

E 40千卡　T 15分钟①

①将芹菜与胡萝卜放在土佐醋中浸泡的时间除外。

做法

1. 将土佐醋的材料放入一个大碗中混合。

2. 芹菜择去粗筋后切成5～6cm长的细丝。胡萝卜也切成同样长度的细丝。

3. 将芹菜丝与胡萝卜丝放入保存容器内，倒入土佐醋，静置15分钟以上。将芹菜丝和胡萝卜丝装盘，浇上容器内的土佐醋，也可根据个人喜好挤上适量酸橘汁。

凉拌豆芽

我喜欢豆芽这件事几乎远近皆知，我制作的和豆芽相关的料理也是不胜枚举。豆芽焯过并将水充分挤干后，口感清脆，在烹饪里的应用范围极广。豆芽用蒜泥或是芝麻酱拌着吃都非常不错，调料的量可适当调整，做出自己喜欢的味道就好啦。

材料　便于制作的分量

豆芽……1 袋（200 g）

芝麻油……适量

A｜颗粒状速食鸡汤汤料（中式）……1/2 小勺

　｜蒜泥……少许

　｜盐、胡椒粉……各少许

　｜白芝麻……适量

E 80 千卡（全部分量）　T 10 分钟

做法

1. 将豆芽洗净，去根，焯一遍后捞出。
2. 待豆芽不烫手后，用布将其包裹住，将水充分挤干。
3. 将豆芽放入大碗中，依次加入 A 料，搅拌均匀后静置入味。根据个人喜好，浇上适量芝麻油即可。

酱油醋拍黄瓜

在饭前小菜或是下酒小菜里，拍黄瓜总是那道很快就被一抢而光的人气家常料理。吃之前再放姜丝与胡萝卜丝，会让料理的口感与风味更佳。

材料　便于制作的分量

腌渍汁

　醋……1/2 杯　　　黄瓜……6 根

　酱油……1/2 杯　　生姜……适量

　砂糖……4 大勺　　胡萝卜……适量

　红辣椒（去籽，切成圈）　芝麻油……适量

　……1 ~ 2 根　　　E 200 千卡（全部分量）　T 10 分钟①

　　　　　　　　　①冷藏降温时间除外。

做法

1. 将腌渍汁材料中的醋、酱油、砂糖混合均匀。
2. 黄瓜用擀面杖等拍打出裂痕，再切成方便食用的块。生姜与胡萝卜去皮后切成细丝。
3. 将步骤 2 中切好的黄瓜块放进保存容器（或保鲜袋）中，再倒入步骤 1 的汁料，放入腌渍汁材料中的红辣椒圈后，放进冰箱中冷藏 1 ~ 2 小时。食用之前将黄瓜连腌渍汁一起倒入碗中，加入姜丝与胡萝卜丝搅拌，使其入味。装盘，可根据个人喜好浇上适量芝麻油。

※ 黄瓜在腌渍状态下可在冰箱中冷藏保存 1 周左右。但需要注意的是，这道料理的味道会越放越浓，请尽量在自己喜欢的阶段食用完毕。

香辣腌渍炸茄子

这是我儿子喜欢的一道小菜，他曾说过："只要有这道小菜，多少碗米饭我都能吃得下。"

在这道小菜中，茄子被炸得表面带上了淡淡的金黄色，用筷子夹一夹就能感觉到稍微陷下去的蓬松感。

材料　便于制作的分量

茄子……8 个（700 g）

煎炸用油……适量

葱末……2 大勺

A | 酱油……6 大勺
　| 味醂……6 大勺
　| 醋……4 大勺
　| 砂糖……2 ~ 2$\frac{1}{2}$ 大勺
　| 豆瓣酱……1 ~ 2 小勺

B | 蒜末……1 小勺
　| 姜末……1 小勺

E 1320 千卡（全部分量）　T 20 分钟①

①静置入味时间除外。

做法

1.将 A 料与 B 料混合，放入较深的保存容器中备用。

2.茄子去蒂后切成约 3 cm 长的段。

3.将煎炸用油加热至 180℃ 左右，放入茄子段炸至松软后捞出，将油沥干。

4.将茄子段趁热放入步骤 1 中的保存容器内，放入葱末。待放凉后将保存容器放进冰箱里，静置让食材入味即可。

※ 腌好的茄子也可立即食用，但冷藏保存 1 小时以上会更加美味。这道料理放入保存容器中，可在冰箱中冷藏保存 2 ~ 3 日。

鸡胸肉拌榨菜

鸡胸肉、大葱、榨菜的组合是我一直以来都很喜欢的。无论是大葱还是榨菜，都切成漂漂亮亮的细丝，做出的成品既美观又可口。

材料　2 人份

鸡胸肉……2 块

榨菜（小）……1/2 个（50 g）

大葱……1 根

酸橘（切成 4 瓣）、辣油、白芝麻……各适量

色拉油……少许

芝麻油……1 ~ 2 大勺

腌渍底料

　薄口酱油……1/2 大勺
　蒜泥……少许

E 140 千卡　T 15 分钟①

①浸泡榨菜去除盐分的时间除外。

做法

1.将鸡胸肉去筋，用腌渍底料腌渍入味。

2.煎锅中倒入少许色拉油加热，放入腌好的鸡胸肉煎烤，尚未变色时，盖上铝箔纸加热至熟透，关火。待不烫手后将鸡胸肉撕成细丝。

3.将榨菜洗净，切成薄片，用水浸泡去除多余的盐分，使其吃起来不会过咸。泡好后将榨菜片切成细丝。大葱也切成细丝，并用水过一遍，将水沥干。

4.将鸡胸肉丝、榨菜丝和葱丝拌在一起，浇上芝麻油，装盘，配上酸橘、辣油和白芝麻。

辣白菜

在做饺子或叉烧肉的时候,我总会做一些辣白菜当配菜。这是很早之前我从中国厨师那儿学来的。

甜醋的清爽、花椒的鲜麻,以及最后浇上的芝麻油的香气,总是让人停不下筷子。

材料　便于制作的分量

白菜……400 g	A | 花椒……1 大勺
胡萝卜……50 g	| 红辣椒（去籽,切成
生姜……1 块	| 小圈）……1 ~ 2 个
香橙……适量	E 370 千卡（全部分量）
盐……1 小勺	T 20 分钟①
芝麻油……1 ~ 2 大勺	①腌渍、冷藏静置入味时间
甜醋	除外。
醋……1 杯	
砂糖……3 ~ 4 大勺	
盐……1/2 小勺	

做法

1. 将白菜先切成 5 ~ 6 cm 长的段,然后将菜帮部分切成 8 mm 宽的条,菜叶部分切成 2 ~ 3 cm 宽的片。胡萝卜去皮后切成 5 cm 长的细丝。生姜去皮,切成细丝。

2. 将切好的白菜放入大碗内,均匀撒上盐后转移到腌渍容器中,静置腌渍 30 分钟左右。

3. 将甜醋的材料混合,充分搅拌,直至砂糖与盐完全化开。

4. 将腌好的白菜捞出,攥干水,转移到耐热器皿中,放上胡萝卜丝、生姜丝以及 A 料,浇上混合好的甜醋。锅中倒入芝麻油,加热至冒烟后浇在白菜丝上。

5. 放入冰箱中冷藏少许时间使食材入味。根据个人喜好,可挤上香橙汁搅拌均匀后食用。

西式泡菜

将黄瓜和芹菜切成不同的长度,先吃先腌好的。腌得过久的泡菜可以切成碎末放进塔塔酱里,或是切成丝放进土豆沙拉里。

材料　便于制作的分量

花椰菜（小）	B① | 红辣椒（去籽）
……1 棵（300 g）	| ……2 个
胡萝卜……1 根（150 g）	月桂叶……2 片
芹菜……1 棵（120 g）	黑胡椒颗粒
黄瓜……2 根	……2 小勺
A | 白葡萄酒……1 杯	E 610 千卡（全部分量）
| 水……3/4 杯	T 15 分钟②
| 砂糖……80 g	①根据个人喜好放入蒜片
| 盐……2 小勺	（1 瓣大蒜的量）亦可。
| 醋……2 杯	②冷藏 A 料、腌渍蔬菜
	的时间除外。

做法

1. 锅中倒入 A 料中的白葡萄酒、水、砂糖以及盐,搅拌后开火加热。待砂糖化开后再倒入醋,关火,凉至室温。

2. 将花椰菜分成小朵。胡萝卜去皮后切成 3 cm 长的段。芹菜择去粗筋,黄瓜切除两端,分别切成方便食用的大小。

3. 锅内加水煮沸,将步骤 2 处理好的材料迅速焯一遍后捞出沥干,放凉。

4. 将步骤 3 处理好的材料放入拉链式保鲜袋中,注入凉好的 A 料。放入 B 料后,排出保鲜袋内的空气,将其密封,放入冰箱内保存。第二天即可食用。

※ 如果用瓶子腌渍,要先将瓶子用开水烫一遍消毒,再用相同方法腌渍,然后放入冰箱中冷藏保存,可保存约 2 周。

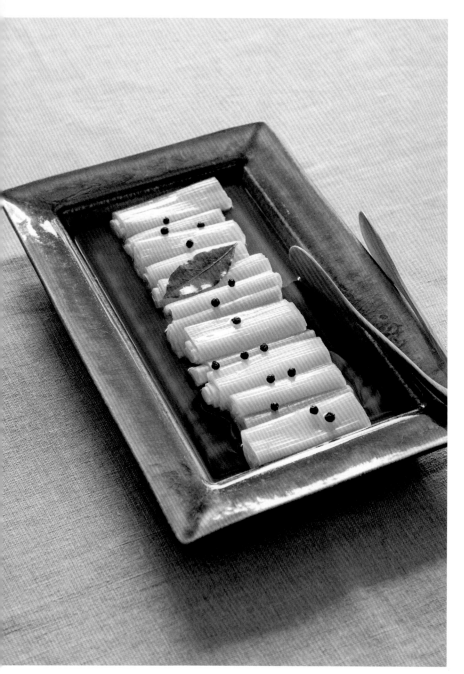

腌渍葱白

大葱也能摇身一变成为料理的主角。

漂亮的装盘、清爽的口味，腌渍葱白作为招待客人的前菜深受大家的喜爱，总是很快就被一扫而光。

这道料理冷藏后别具风味哟！

将做好的每一小段腌渍葱白都装在一个精致的小餐盘里，上面还可以摆上生火腿片或是生鱼片。亦可根据个人喜好，搭配柚子胡椒或是纵切成几等份的香橙食用。

材料　4人份

葱白……4根（400 g）

汤①……2杯

白葡萄酒……1/4 杯

月桂叶……1 片

黑胡椒颗粒……1/2 小勺

盐、橄榄油……各少许

E 35 千卡　T 30 分钟

①用 2 杯开水与 2 小勺颗粒状速食汤料（西式）混合制成。

做法

1. 将葱白切成 6 ~ 7 cm 长的段。

2. 在锅中倒入汤与白葡萄酒，开火加热，煮沸后放入葱白段、月桂叶、黑胡椒颗粒。再次煮沸后盖上锅盖，小火熬煮约 20 分钟。

3. 加少许盐调味，关火后静置一小会儿使葱白段入味。将葱白段捞出装盘，浇上适量汤汁，亦可根据个人喜好洒少许橄榄油。也可以将这道料理在装盘冷却后盖上保鲜膜，放入冰箱中冷藏后再食用。

香草凉拌
卷心菜丝

这是喜欢将食材切丝的我经常做的一道简单的凉拌菜。

放入一些莳萝，可以更加凸显卷心菜丝的清爽风味。

将莳萝等香草与常用的食材搭配起来，总会有不一样的惊喜与发现。

材料　便于制作的分量

卷心菜……500 g

莳萝①（新鲜）……1/2 包

面包片……适量

盐、黑胡椒粉（粗颗粒）……各适量

A ┃ 橄榄油……2 大勺
　 ┃ 柠檬汁……1 大勺

E 340 千卡（全部分量）②　T 15 分钟

①具有清爽香气的香草，常与鱼类料理搭配。

②不含面包的热量。

做法

1. 将卷心菜切成丝，放入大碗中，撒上 $1\frac{1}{2}$ 小勺盐，用手翻动搅拌均匀后，静置 5 ~ 10 分钟。待腌渍出水后，用布多次包裹适量卷心菜丝轻轻将水攥干，再将其放到另一个碗中，直到攥干所有卷心菜丝。

2. 将莳萝去除坚硬的茎部，切碎。再用菜刀从正上方将其拍碎，使其香味更多地散发出来。

3. 在卷心菜丝中加入 A 料，轻轻搅拌混合，再撒上适量盐、黑胡椒粉调味。加入莳萝碎后迅速翻动搅拌，装盘。根据个人喜好配上面包片食用。

宴以家常

　　我家常有朋友聚会，我结婚以后更是经常邀请朋友来家里做客，所以也不会每次都别出心裁地做很特别的料理，就只是做些拿手菜，或是家人很喜欢的料理。因为在我看来，只有这样才能既让自己做得开心，又不会让来做客的朋友心生负担。

　　虽然每次做的料理大同小异，对于摆盘我却十分讲究。我尤其喜欢碗碟，从日式的到西式的，我家橱柜里各式餐具应有尽有。但我也没给它们分门别类，比如分成日用的、家宴用的或是拍摄用的等。不过，毕竟是好不容易看中了买回来的，我就不想干放着，隔三差五地就拿出来用一下。

　　日式的也好，西式的也好，我最喜欢的还是那种一片素白的成套餐具。餐桌上往往只靠这一点便能流露出一种井然有序的统一感，进而烘托出一种待客的氛围。

金枪鱼生鱼片沙拉

只要家里有生鱼片和叶类蔬菜，就能立马做出这道料理。因此有客人来家里的时候，我总是做上满满一盘招待他们。这道沙拉美味的秘诀，一是将蔬菜的水充分沥干，二是将金枪鱼生鱼片充分冷藏降温。生鱼片沙拉，越是冰冰凉凉的，越是美味。

a

将蔬菜的水沥干是一个极其重要的环节，因此这里使用了蔬菜脱水器。

材料　2～4人份

金枪鱼（生鱼片用，红肉部分）……1/2 块
花椒芽碎……适量
喜爱的柑橘类（酸橘等）……适量

叶类蔬菜①

水芹……1/2 把

鸭儿芹……1/2 把

豆瓣菜……1/2 把

芝麻菜……1/2 把

沙拉用菠菜……1/2 把

嫩菜叶（日式）……1 袋

调味汁

色拉油……2 大勺

酱油……2 小勺

姜汁……2 小勺

盐、胡椒粉……各少许

E 100 千卡　T 20 分钟②

①选用自己喜爱的蔬菜即可。放入多种香味十足的日式叶类蔬菜，更能衬托出金枪鱼的鲜美。

②叶类蔬菜冷藏时间除外。

做法

1. 将水芹、鸭儿芹切成 4～5 cm 长的段。豆瓣菜、芝麻菜、沙拉用菠菜切成 4～5 cm 长的段后，再将叶子撕成可一口食用的片。加入嫩菜叶混合后，将所有叶类蔬菜放入冷水或冰水中。

2. 待蔬菜变冰凉后将其捞出，充分沥干水，放入冰箱中冷藏保存。（图 a）

3. 制作调味汁。将色拉油倒入一个小碗中，加入酱油后充分搅拌。加入姜汁搅拌后，再加入少许盐、胡椒粉调味。

4. 将金枪鱼切成薄片。

5. 将冷藏保存的蔬菜盛入容器中，在上面摆上金枪鱼生鱼片，根据个人喜好撒上适量花椒芽碎。浇上调味汁，根据个人喜好挤上柑橘类的果汁即可。

和风章鱼沙拉

材料　2人份

章鱼腕足（熟）……1只

芹菜……1/2 棵

黄瓜……1/2 ~ 1 根

紫洋葱……1/4 个

蘘荷……2 个

绿紫苏叶……10 片

白芝麻、帕尔马干酪、香味
　　酱油（参照下方说明）、
　　酸橘、烤面包、橄榄油
　　……各适量

E 150 千卡[①]　T 20 分钟

[①]不含烤面包的热量。

因为本身味道比较清淡，所以章鱼和许多香草类蔬菜搭配在一起，都会给人很美味的感觉。把芹菜、紫洋葱等西洋蔬菜和蘘荷、绿紫苏这些日本传统蔬菜混合起来，多重味道叠加在一起，美味又增加了不少。搭配上烤面包棒或是蒜味烤面包，再手捧一杯葡萄酒，听着是不是都觉得很享受呢？

做法

1. 将章鱼腕足切成薄片。

2. 芹菜择去粗筋，切成 3 mm 见方的小丁。
   黄瓜纵向对半切开后，用小勺剜去黄瓜籽。
   将黄瓜、紫洋葱、蘘荷都切成 3 mm 见方
   的小丁。绿紫苏叶切成碎末。

3. 将章鱼腕足片平铺在餐盘里，撒上所有蔬
   菜丁和蔬菜末。（图 a）

4. 撒上白芝麻与帕尔马干酪，食用之前浇上香
   味酱油、挤上酸橘汁、洒上适量橄榄油。
   根据个人喜好搭配适量烤面包食用。

a

撒上满
满的蔬菜，
覆盖全部章
鱼腕足片。

香味酱油的制作方法　便于制作的分量

将 2 ~ 3 瓣大蒜、1 块生姜去皮后切成薄
片。取一个干净的保存容器，倒入 1 杯酱油，
放入蒜片及姜片，于冰箱中冷藏保存半日以
上，使材料味道融合。

香辣口味炸鸡块

无论是我的家人还是朋友，大家都很喜欢吃炸鸡块。有时，我就会在家做这样大块的炸鸡块，让他们品尝新鲜出锅的美味。

这道香辣口味的炸鸡块，使用的是我年轻的时候就用过无数次的配方。鸡块炸两次会更加酥脆。这道料理大家都喜欢得不得了，吃得停不下来。

材料　便于制作的分量

带骨鸡肉（大块）……800 g

柠檬（切厚片）……适量

盐……1 小勺

淀粉……1 杯

煎炸用油……适量

A │ 蒜泥……1 小勺
　│ 姜泥……1 小勺
　│ 红葡萄酒……2 大勺
　│ 酱油……$2\frac{1}{2}$ 大勺
　│ 颗粒状速食汤料（西式）……1 小勺
　│ 盐……少许
　│ 黑胡椒粉（粗颗粒）……1 小勺
　│ 香菜粉……1/2 小勺
　│ 肉豆蔻粉……1/4 小勺
　│ 红辣椒粉……少许

E 1840 千卡（全部分量）　T 40 分钟①
①鸡肉腌渍入味、沥干汁料时间除外。

做法

1. 将盐均匀撒到所有鸡肉块上，将鸡肉块静置 10 ~ 15 分钟，用厨房纸巾把渗出的水擦拭干净。

2. 将 A 料混合后装入拉链式保鲜袋中，加入鸡肉块充分揉匀，密封后放入冰箱中冷藏 3 小时以上。

3. 将腌好的鸡肉块放入架在碗上的笊篱中，静置 15 分钟左右，充分沥干汁料。（图 a）

4. 将步骤 3 的鸡肉块与淀粉一起放入一个干净的拉链式保鲜袋中，密封，充分摇晃使鸡肉块均匀地沾上淀粉。

5. 将煎炸用油预热至 180℃，将步骤 4 处理好的鸡肉块轻轻拍去多余的淀粉，放入油锅中炸大约 4 分钟。将鸡肉块捞出，在滤篮中静置约 4 分钟，用余热使鸡肉块中心部分也充分受热。将油温调至 200℃，将鸡肉块再炸 2 分钟。（图 b）

6. 将鸡肉块装盘，配上柠檬片即可。

腌渍汁料中使用了 3 种香辛料——甘甜清爽的香菜粉（右下）、甘甜与苦涩并存的肉豆蔻粉（左）和微微辛辣的红辣椒粉（右上）。多种香辛料的组合，让成品风味更加浓郁，肉的美味也会更加突出。根据个人喜好适当增减几种香辛料的用量亦可。

a

将腌渍鸡肉块的汁料充分沥干，使鸡肉块表皮稍稍干燥后再炸，这样面衣不易变得湿软。

b

油炸两次，既能使不易受热的鸡肉块中心部分充分受热，也能使面衣更加酥脆。

奶油炖芋头芜菁

这道美味炖菜没有用做法烦琐的白色调味汁，而是将芋头磨成泥做成了黏稠的白色酱汁。这道料理口感温和，美味得令人惊讶。只要不将牡蛎炖得太过，这道料理就能轻轻松松地完成。

材料　4人份

芋头……3个（可食用部分 100 ~ 120 g）

芜菁……5个（可食用部分 300 g）

牡蛎肉……300 g

白葡萄酒……2 大勺

牛奶、奶油……各 1 杯

盐、白胡椒粉……各少许

A｜颗粒状速食汤料（西式）……2 小勺
　｜开水……$1\frac{1}{2}$ 杯

E 290 千卡　T 35 分钟

做法

1. 将牡蛎肉仔细清洗干净，沥干。在锅中倒入水加热，待沸腾后加入白葡萄酒，再放入牡蛎肉。再次煮沸后立刻关火，盖上锅盖闷 5 分钟，再用笊篱将牡蛎肉捞出沥干。

2. 将芜菁切掉茎后去皮，再纵切成 4 等份。芋头洗净后去皮，研磨成泥状。

3. 将 A 料倒入锅中煮沸，加入芜菁块后盖上锅盖，用中火煮约 5 分钟。

4. 待芜菁块变软后加入牛奶和奶油，用小火熬煮，保持其不沸腾的状态。加入芋头泥，煮 2 ~ 3 分钟直到汤汁变得黏稠。加入牡蛎肉，最后加少许盐、白胡椒粉调味即可。

餐具及餐桌周围的小小创意

在招待客人时要考虑做什么样的料理，这自不用说，而选择餐具及布置餐桌同样也是其中的乐趣。比如，给每人分配好有大有小的餐盘，又或是将庭院里的绿色植物剪来做餐桌的装饰。前几天我还想到了手工制作厨房用布。这样一些小小的创意不断积累，自然而然就能轻松地完成一场待客的盛宴。

哪怕是朴素的餐盘，装点上绿色植物也能立马变得不一样。

炖牛肉

我是吃着母亲做的日式料理长大的，在刚刚认识我丈夫玲儿的时候，第一次吃到了他给我做的炖牛肉，那时的感动我至今都记忆犹新。也是因此，我知道了烹饪西式料理的乐趣所在。

这道炖牛肉中的食材，无论是牛肉还是蔬菜，都被切成了大块，然后炖透。这道料理做起来要比想象中简单许多，所以多尝试几次，找到属于自己的风格和味道吧！

在我家，这道炖牛肉总是搭配着菌菇蒸饭一起食用。

材料　4 人份

牛肩胛里脊（块状）……600 g

小洋葱……12 个（300 g）

胡萝卜（小）……2 根（250 g）

香菇……2 盒（200 g）

土豆……3 个（400 g）

大蒜（切成末）……2 瓣

月桂叶……2 片

芹菜叶……适量

红葡萄酒……1 杯

蔬菜肉酱调味汁（罐装）……1 罐（290 g）

盐、胡椒粉……各少许

面粉……2 大勺

色拉油……1 大勺

黄油……20 g

A | 番茄酱……2 大勺
| 猪排酱……1 ~ 1$\frac{1}{2}$ 大勺
| 伍斯特辣椒酱……1 小勺
| 盐……1/2 小勺
| 胡椒粉……少许

手工酸奶油

去水酸奶[①]……约 1 杯

鲜奶油……2 大勺

E 880 千卡　T 2 小时 20 分钟[②]

①取一个碗叠放上笊篱和厨房纸巾（无纺布型），倒入 1 盒（400 g）原味酸奶（无糖），放置 1 ~ 2 小时，将酸奶中的水沥干。

②酸奶去水时间除外。

做法

1. 将小洋葱去皮。胡萝卜去皮后切成 2 ~ 3 cm 长的段。香菇去柄。土豆去皮后切成 3 等份，用水冲洗一遍，然后沥干。

2. 将牛肉切成 4 cm 见方的块，撒上少许盐、胡椒粉。将牛肉块与面粉放入保鲜袋中，摇晃，使牛肉块均匀沾上面粉。

3. 在煎锅中倒入色拉油加热，放入蒜末。待煎出蒜香后放入牛肉块，将牛肉块用大火煎至表面变色后同蒜末一起移到煮锅中。

4. 在步骤 3 的煮锅中加入 5 杯开水，开火加热，煮沸后撇去浮沫，加入月桂叶与芹菜叶，盖上锅盖，熬煮 50 ~ 60 分钟。

5. 在另一口锅中倒入红葡萄酒加热，煮沸后调至中火再煮 7 ~ 8 分钟。煮至红葡萄酒剩下一半，倒入蔬菜肉酱调味汁搅拌，小火煮约 3 分钟后关火。

6. 待步骤 4 中的牛肉块煮得柔软后，在煎锅中加入黄油，依次加入胡萝卜段、小洋葱、土豆块、香菇翻炒。待蔬菜表层煎得通透后，将它们倒入步骤 4 的煮锅中，盖上锅盖，用中火煮 10 分钟。

7. 待蔬菜变得柔软后，拿掉锅盖，加入步骤 5 中的酱料，用小火煮 30 ~ 40 分钟，其间翻动几次。加入 A 料调味，关火。（如果觉得汤汁还不够浓稠，可以一点一点地加入由 1 大勺在室温下软化的黄油与 1 大勺面粉混合而成的黄油面粉芡料。）

8. 将步骤 7 的食材装盘，将手工酸奶油的材料混合后盛在盘中。

菌菇蒸饭的制作方法

材料　4 人份

大米……400 ml（2 杯）

海带（10 cm 长）……1 片

蟹味菇……1 袋（100 g）

灰树花……1 袋（100 g）

杏鲍菇……1 袋（100 g）

喜爱的咸菜……适量

喜爱的柑橘类水果……适量

A | 酒、味醂、薄口酱油、酱油
| ……各 1 大勺
| 盐……少许

E 330 千卡　T 10 分钟[①]

①浸泡海带、淘米、蒸煮时间除外。

做法

1. 将海带冲洗干净后，用 2 杯水浸泡约 30 分钟。

2. 大米淘好后在笊篱中静置约 15 分钟。

3. 蟹味菇去柄后切分成小朵。灰树花撕成细条。杏鲍菇切成 3 ~ 4 cm 长的段，先对半切分后再切成 5 ~ 6 mm 厚的薄片。

4. 在 A 料中加入步骤 1 浸泡好的海带高汤（约 360 ml）。

5. 在蒸饭器皿内放入大米，将步骤 3 中的菌菇平铺在大米上。沿蒸饭器皿边缘注入步骤 4 中的高汤，用平常蒸饭的方法加热。

6. 蒸好后将米饭与菌菇搅拌均匀，盛盘（浇上做好的炖牛肉食用）。根据个人喜好搭配上咸菜与柑橘类水果即可。

卷心菜配皮埃蒙特酱意大利面

皮埃蒙特酱意大利面制作工序简单，吃起来也非常爽口。皮埃蒙特酱原本需要用蒜泥或凤尾鱼酱调至黏稠，但我尝试用玉米淀粉做出黏稠的酱料不但没有失败，反而获得了口感顺滑的成品。酱料的美味与卷心菜的清甜，让人回味无穷。

材料　2人份

皮埃蒙特酱

鳀鱼（用三片刀法处理成片）[①]
　……4～5片（15～20 g）

玉米淀粉、水……各1小勺

橄榄油……2大勺

蒜末……1小勺

鲜奶油……1杯

盐、黑胡椒粉（粗颗粒）……各少许

卷心菜叶……4～5片（300 g）

意大利面（1.6 mm粗）……140 g

帕尔马干酪……适量

法式面包（可选）……适量

盐、橄榄油、黑胡椒粉（粗颗粒）……各适量

E 890 千卡[②]　T 25 分钟

[①]使用将日本鳀鱼盐渍熟成后，进而用橄榄油油渍
　　而成的产品。这种鳀鱼风味浓郁，亦可做调料使用。

[②]不包含法式面包的热量。

做法

1. 制作皮埃蒙特酱。将鳀鱼片切碎后用刀背仔细敲打。将玉米淀粉与水混合制成水溶玉米淀粉后放置备用。在小锅中倒入橄榄油加热，放入蒜末炒至蒜香溢出，加入鳀鱼碎继续翻炒。加入鲜奶油，待沸腾后加入水溶玉米淀粉勾芡，轻轻撒上盐、黑胡椒粉，皮埃蒙特酱就做好了。

2. 卷心菜叶切成稍大的片。在锅中倒入水煮沸后加入适量盐，将意大利面按照包装袋上的说明煮熟，沥干水。

3. 在煎锅中倒入2大勺橄榄油加热，放入卷心菜叶，用大火炒至稍稍变色，撒少许盐与黑胡椒粉。将步骤1中的皮埃蒙特酱、步骤2中的意大利面依次加入其中搅拌均匀，再用少许盐与黑胡椒粉调味后关火。装盘，撒上帕尔马干酪及适量黑胡椒粉。根据个人喜好，还可以搭配浇上了适量橄榄油的法式面包。

皮埃蒙特酱的其他用途

皮埃蒙特酱口味浓郁，亦可用来制作沙拉调料。在嫩菜叶上撒少许核桃碎，再浇上皮埃蒙特酱，做成的沙拉搭配肉类料理再合适不过了。以1：1的比例将皮埃蒙特酱与法式沙拉调料混合使用也十分美味。除此之外，皮埃蒙特酱还可用在拌土豆泥、烤箱烤制的奶酪烤菜，以及蔬菜调味汁里，风味十足。

西班牙杂烩菜饭

你可以用一个煎锅轻松烹饪好西班牙杂烩菜饭，并连锅端上餐桌趁热品尝。加入足量的鸡肉、鱼肉和蔬菜，食材的鲜美味道可以渗入到米饭中。这道料理原本需要用到藏红花，而我改用平时很容易就能买到的咖喱粉来上色和提香。

材料　4人份

鸡腿（去骨取肉）……1根（250 g）

银鳕鱼（切成块）……2块（200 g）

虾（大的，冷冻，去头，带壳）

　……10只（可食用部分240 g）

青椒……2个

红菜椒……1个

西葫芦……1个（250 g）

番茄……1个（150 g）

大蒜……1瓣

洋葱（小）……1/2个（80 g）

大米（不洗）……400 ml（2杯）

白葡萄酒……2 ~ 3大勺

柠檬（纵切成4等份）……适量

橄榄油……7大勺

盐、黑胡椒粉（粗颗粒）……各适量

A｜咖喱粉……1小勺
　｜颗粒状速食汤料（西式）……2小勺

E 840 千卡　T 40 分钟

做法

1. 将洋葱切成粗末，大蒜切碎。青椒与红菜椒纵向切分为两半后去籽，然后将每瓣青椒都再次对切，将每瓣红菜椒都切成 3 ~ 4 等份。西葫芦切成 1.5 cm 厚的圆片。番茄去蒂后切成大块。

2. 将鸡腿肉去除多余脂肪后切成可一口食用的块，银鳕鱼块分别对半切开。将虾一边用流水冲洗一边解冻，解冻后分别去壳、去尾、去筋、切成 3 等份。

3. 取一口煎锅（直径 28 cm）倒入 2 大勺橄榄油，用大火加热，加入青椒片、红菜椒片及西葫芦片，炒至所有材料两面都变色，撒上少许盐和黑胡椒粉后盛出。在同一煎锅内再加入 1 大勺橄榄油，用大火煎虾仁，撒上少许盐、黑胡椒粉后盛出。用和煎虾仁一样的方法煎银鳕鱼块。

4. 向煎锅中再加入 1 大勺橄榄油，将鸡腿肉块皮朝下放入锅中，待鸡腿肉块的皮煎至焦黄后翻面，撒上少许盐与黑胡椒粉。

5. 倒入白葡萄酒，盖上锅盖，关火，闷 1 分钟左右后将鸡腿肉块盛出。（图 a）

6. 将步骤 5 的煎锅中剩下的汤汁转移到杯中，补充些开水使其达到 2 杯的量。加入 A 料混合，再加入少许盐调至适当口味。（图 b）

7. 在煎锅中倒入 2 大勺橄榄油，放入大蒜碎炒至蒜香溢出，再放入洋葱末翻炒。加入番茄块，轻轻捣碎，再倒入 1 大勺橄榄油和大米，轻轻翻炒后关火。（图 c）

8. 将大米铺平，加上虾仁、鸡腿肉块后轻轻搅拌。然后放上各种蔬菜、银鳕鱼块，将步骤 6 中的汤汁均匀浇在上面。（图 d）

9. 开大火煮沸后盖上盖，调至小火，焖 17 ~ 19 分钟至水分焖干。最后再开大火加热 1 分钟，关火后利用余热加热 5 分钟。根据个人喜好搭配柠檬块即可。

a　b　c　d

泰式咖喱料理

这道咖喱料理综合了椰奶、香草与香辛料的风味，我丈夫玲儿特别喜欢，我一年四季经常做这道料理。为此，我还特意在院子里种了香菜和香茅。用刚刚采摘的新鲜香草制作的这道特色料理，会让品尝的人感觉仿佛置身于泰国。

材料　4 人份

虾（去头，带壳）……10 ~ 12 只（250 g）

鸡腿（去骨取肉）……1 根（250 g）

油炸豆腐……2 块（240 g）

水煮竹笋（小）……1 个（80 g）

菜豆……1 袋（100 g）

茄子……3 个

大蒜……1 瓣

生姜……1 块

鸡汤①……2 杯

咖喱块（薄片型）②……2 ~ 3 大勺

椰奶……1 罐（400 ml）

鱼露……1 ~ $1\frac{1}{2}$ 大勺

米饭③……适量

香菜叶……适量

喜爱的咸菜……适量

色拉油……适量

盐、胡椒粉……各少许

A｜香菜（仅取茎）……2 ~ 3 棵

　｜香茅……2 ~ 3 根

　｜泰国青柠叶（干）④……2 ~ 3 片

　｜红辣椒（去籽）……2 个

E 880 千卡　T 25 分钟

①这里的鸡汤是用 2 杯开水溶解 2 小勺颗粒状速食鸡汤汤料（中式）得到的汤汁。

②没有的话用刀片将咖喱块削成薄片亦可。

③尽可能使用泰国香米，按照产品说明蒸饭即可。

④泰国青柠，英文学名为 Kaffir lime，在泰国又被称作 makrut lime。其叶片具有与柠檬相似的清爽芳香。

做法

1. 将虾去掉尾部，切开虾背，取出虾线，轻轻剥出虾仁。鸡腿肉切成可一口食用的大小。油炸豆腐用煮沸的水烫一遍去油，切成约 3 cm 见方的块。

2. 水煮竹笋切成 4 ~ 5 mm 厚的片。菜豆去筋后斜切成两段。大蒜、生姜去皮后研磨成泥状。茄子先纵向切成两半，再横向切分为两半，最后将每一块分别纵向切成 2 ~ 3 等份。

3. 取较深的煎锅倒入 2 大勺色拉油加热，放入茄子块大火翻炒。将茄子块炒至边缘变得透明后盛出。

4. 在同一煎锅内加适量色拉油，放入虾仁轻轻翻炒，撒上少许盐、胡椒粉后盛出（此时虾仁无须完全炒熟）。

5. 向煎锅中再加适量色拉油，开大火，放入姜泥、蒜泥翻炒。待散发香味后依次放入鸡腿肉块、竹笋片、菜豆段继续翻炒。然后加入鸡汤与咖喱块搅拌混合。

6. 待沸腾后加入步骤 3 的茄子块、油炸豆腐块、A 料与椰奶，调至中火煮 10 ~ 12 分钟。

7. 待茄子变得柔软后，再放入步骤 4 的虾仁，放适量鱼露调味，关火。

8. 盛盘。搭配米饭、香菜叶及个人喜爱的咸菜即可。

制作这道料理用的都是身边常见的食材。如果无论如何也弄不到这些香草和香辛料，不加也无妨。

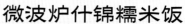
微波炉什锦糯米饭

糯米饭通常都是用蒸饭器具烹饪的。我跟朋友说用微波炉也可以做糯米饭，一开始朋友还不相信。使用微波炉烹饪时间短，且做好的糯米饭口感黏糯，十分美味，因此我家一直都是用微波炉来做糯米饭的。即使是突然来了客人，这道料理也能迅速摆上餐桌，因此它帮了我不少忙。

材料　4人份

糯米……400 ml（2杯）

高汤……1杯（与帆立贝柱罐头汁液混合后）

水煮帆立贝柱（罐头）

　　……1罐（固体物容量55 g）

胡萝卜（较细）……1/2根（100 g）

蟹味菇……1袋（100 g）

水煮竹笋（小）……1个（80 g）

油炸豆腐……1片

花椒芽……适量

A｜酒、味醂、薄口酱油……各1大勺
　｜盐……1/2小勺

E 320千卡　T 30分钟①

①糯米浸泡时间除外。

做法

1. 将糯米洗净后浸泡20～30分钟，捞出沥干，备用。

2. 将胡萝卜去皮后切成3～4 mm厚的薄片。蟹味菇去掉根部后一朵朵分开。水煮竹笋纵向对半切开，再切成3～4 cm厚的薄片。油炸豆腐用煮沸的水冲一遍去油，轻轻挤干水分，横向切为两半，再切成5 mm宽的细条。帆立贝柱沥干罐头汁液后揉至松散，罐头汁液留下备用。

3. 将帆立贝柱罐头汁液与事先备好的高汤混合，加入A料搅拌均匀，备用。

4. 取一个稍大的耐热器皿，放入步骤1中沥干的糯米，铺上蟹味菇与帆立贝柱后，注入步骤3中混合好的汤汁。器皿上盖上保鲜膜，放入微波炉（600 W）中加热8～9分钟。

5. 将耐热器皿从微波炉内取出，迅速搅拌器皿中的食材，加入胡萝卜片、竹笋片及油炸豆腐条后轻轻拌匀。再盖上保鲜膜，放进微波炉中加热4～5分钟。

6. 将糯米饭从微波炉中取出，搅拌均匀，盖上保鲜膜闷5分钟左右。装盘，根据个人喜好配上花椒芽。

家中装点的大大小小的鲜花随处可见

插花剩下的或是折断了茎的花就插在矮小的玻璃瓶里。

将黄水枝这样横向蓬松展开的花装饰在餐桌一角，鲜花蔓延至周边，这处空间立刻显得华丽起来。

家中一年四季总是不间断地装点着各种鲜花，所以有客人来时也无须什么特别准备。在插花的时候，我总是希望当季的花能在自然的环境中活出它本来的样子。主要的花束插在一个较大的花瓶中，装点在餐桌上，而剩下的小花就插在较小的花器或是玻璃瓶中，装饰在玄关处和房间的角角落落。

照烧鸡肉拌寿司饭

这道拌饭因为可以提前做好，存放备用，因此我经常做。如果能掌握手工寿司醋的制作方法，便能轻轻松松地烹饪寿司饭了。做好寿司饭，既可用它来招待客人，又可在平时的一日三餐中享受到寿司的美味。时间不怎么充裕的时候，只准备一些照烧鸡肉做成盖饭，再配上些简单的汁料，就能获得一顿美味的大餐。

材料　4 人份

大米……400 ml（2 杯）
鲜榨香橙（或酸橘）汁……1 大勺
黄瓜……1 根
绿紫苏叶……10 片
白芝麻……1 大勺
手搓紫菜碎……适量

寿司醋

　醋……1/2 杯
　砂糖……2 大勺
　盐……1 小勺

照烧鸡肉

　鸡腿（去骨取肉）
　　……1 根（300 g）
　盐、色拉油……各少许
　A ｜ 酱油……1 大勺
　　｜ 味醂、砂糖……各 1 小勺

鸡蛋丝

　鸡蛋……2 个
　色拉油……少许
　B ｜ 砂糖……1 大勺
　　｜ 酒……1/2 大勺
　　｜ 盐……少许

E 550 千卡　T 45 分钟[①]
①将大米清洗、沥干的时间，蒸饭、
　将饭放凉的时间除外。

做法

1. 将大米洗净，放置约 15 分钟沥干，然后放入电饭煲中，倒入 2 杯水，做成普通的米饭。将制作寿司醋的调料混合均匀。

2. 将做好的米饭趁热盛入大碗中，添加寿司醋后用饭勺迅速搅拌，待热度稍稍散去后，加入鲜榨香橙汁，搅拌均匀。（图 a）

3. 制作照烧鸡肉。（如果介意脂肪，可先将鸡腿肉的多余脂肪去除。）用叉子将鸡皮戳破，轻轻撒上少许盐。将 A 料搅拌混合后放置备用。在煎锅中倒入少许色拉油加热，将鸡腿肉带皮的一面向下放入锅中，开大火煎，煎至变色后翻面，盖上锅盖，调至小火煎 4～5 分钟。关火，将鸡腿肉取出，用厨房纸巾擦去多余油脂。向锅中倒入 A 料，再次调至中火，汤汁沸腾后调至小火，放入鸡腿肉煮 2～3 分钟。将鸡腿肉趁热盛出，稍稍散热后切成 1.5 cm 见方的块，放入方盘中。将煎锅中剩余的汤汁浇在鸡腿肉块上。

4. 制作鸡蛋丝。将鸡蛋打在碗中，加入 B 料，充分搅拌后过滤。取一个小煎锅，倒入少许色拉油后开中火加热，用厨房纸巾将油在锅内抹匀。倒入 1/4 的蛋液，使其薄薄地摊开，摊成鸡蛋片，均匀煎其两面，尽量避免焦煳。将剩下的蛋液用相同的方法煎成另外 3 片鸡蛋片。（用较小的煎锅方便翻面，鸡蛋片也不易破碎，能煎得很薄。）待鸡蛋片放凉后，先将其分别切成两半，再切成细丝。用手将鸡蛋丝分散开来，放置备用。

5. 将黄瓜纵向切为两半，用勺子去籽后切成约 5 mm 见方的小丁。绿紫苏叶纵向切分后切成细丝。

6. 将照烧鸡肉与黄瓜丁加入寿司饭中搅拌均匀，再加入白芝麻、绿紫苏叶丝继续搅拌，装盘。撒上紫菜碎，摆上鸡蛋丝即完成。

a

我喜欢将柑橘类果汁与寿司醋一起浇在米饭中，这样做出来的寿司饭洋溢着果香且口味更加清爽。

什锦挂面

每到夏天，我们家周末的午餐总会吃挂面。我丈夫玲儿最爱的面汤和芝麻酱，我也尝试做了很多次。如果在酱汁和香辛料上下些功夫，挂面也能成为一场丰富的盛宴。

材料　2人份

挂面……2 ~ 3 把

面汤（参照右方说明）、芝麻酱（参照右方说明）……各适量

配菜（参照右方说明）
清淡口味煮金针菇……适量

蒜香酱油风味煎鸡胸肉丝……适量

秋葵墨鱼纳豆……适量

香辛料
襄荷、小葱、绿紫苏叶、生姜、白芝麻、烤紫菜……各适量

E 590 千卡　T 15 分钟

做法

1. 准备香辛料。将襄荷和小葱切成碎末。绿紫苏叶切成细丝。生姜研磨成姜泥。白芝麻研磨成碎末。烤紫菜撕成小片。
2. 煮挂面。锅中放入满满的水煮沸，将挂面按照包装袋上的说明煮熟，捞出后用流水充分冲洗，再完全沥干。
3. 将挂面装盘，香辛料与配菜也分别盛入容器内。各自将自己喜欢的香辛料与配菜放入餐具内，与挂面一起蘸面汤和芝麻酱食用。

面汤的制作方法　约 3 杯

1. 在锅中放入 30 g 干鲣鱼片、1/2 杯酱油、5 大勺味醂、2 杯水、1 小勺砂糖，开大火加热，煮沸后调至小火煮约 3 分钟。
2. 静置放凉，过滤后放进冰箱中冷藏。

※ 可冷藏保存 5 日。

芝麻酱的制作方法　约 1 杯

取一个大碗，依次放入 1/2 杯磨好的白芝麻酱、$2 \sim 2\frac{1}{2}$ 大勺酱油、1 勺砂糖、1 勺味醂（如果介意酒精的味道，可加热使酒精挥发），以及 3 ~ 4 大勺高汤，一边添加一边搅拌均匀。

※ 可冷藏保存 5 日。

配菜的制作方法

清淡口味煮金针菇　4人份
1. 将 2 袋（400 g）金针菇（大）去掉根部后切成 1 cm 长的段，用手撕散。
2. 锅中倒入 3 大勺酱油、2 大勺味醂煮沸，放入步骤 1 的金针菇段。
3. 一边搅拌一边加热使汤汁再次沸腾，待金针菇段变软后关火静置，使其入味。

E 45 千卡　T 20 分钟

蒜香酱油风味煎鸡胸肉丝　4人份
1. 将 6 块鸡胸肉去筋后用 1 大勺薄口酱油及 1/2 小勺蒜泥腌渍约 5 分钟，直至鸡胸肉充分吸收酱汁。
2. 在煎锅中倒入少许色拉油加热，放入步骤 1 的鸡胸肉，将其两面均煎至变色。待鸡胸肉内部也完全熟透后，取出放至不烫。
3. 沿着鸡胸肉的纤维用手将其撕成细丝，揉至松散。

E 90 千卡　T 20 分钟

秋葵墨鱼纳豆　2人份
1. 将 10 个秋葵削去花萼部分，在放有少许盐的煮沸的水中迅速焯一遍，再过一遍冷水，沥干后切成小碎块。
2. 将 1 只墨鱼（生鱼片用）切碎。
3. 将秋葵碎、墨鱼碎和 1 盒（40 g）纳豆（切碎）盛入容器中，充分搅拌。

E 100 千卡　T 10 分钟

鲷鱼饭

我家的鲷鱼饭是将一条完整的鲷鱼与大米一起,用砂锅蒸出来的。事先将鲷鱼烤至焦黄,鱼香更加诱人。这道鲷鱼饭制作方法简单,相信每一位读者都能烹饪得十分美味。如果比较忙,就用处理好的鱼片烹饪吧。鲷鱼饭和竹笋芝麻酱汤超级搭配!

材料　4人份

鲷鱼……1条(300 ~ 400 g)①
大米……400 ml(2杯)
海带(10 cm×5 cm)……1片
咸菜……适量
盐……约 $1\frac{1}{2}$ 小勺
A 薄口酱油……1大勺
　 酒……1大勺
　 味醂……1大勺

E 390 千卡　T 50 分钟②

①选用身长25 cm左右的完整的鲷鱼,去掉鱼鳞与内脏。
②用水浸泡海带、将大米淘洗后捞出放置的时间除外。

做法

1. 将海带用拧干的湿布擦拭干净,用约2杯水浸泡30分钟左右。

2. 将大米淘洗干净,放置15分钟沥干。

3. 在鲷鱼两面都撒上盐(盐的用量约为两面共计1小勺)。

4. 将鲷鱼放在预热好的烤肉网或烤鱼网上,将其两面均烤至焦脆(无须烤到内部也充分烤熟,表面烤焦即可。烤后鱼香会更加诱人)。

5. 在混合均匀的A料中加入步骤1浸泡成的海带高汤。取2杯混匀的汤汁,放入1/2小勺盐,搅拌调味。

6. 将大米放入砂锅中,在大米的正中央放上海带、鲷鱼,注入步骤5的汤汁,盖上锅盖,开大火加热。

7. 打开锅盖确认已经沸腾后,再次盖上锅盖,调至小火,继续焖10分钟左右。最后30秒到1分钟时调回大火,以适宜地焖出锅巴、提升米饭的香味。关火后利用余热闷10分钟左右。

8. 打开锅盖,盛出海带,将鲷鱼的刺仔细剔除。将鲷鱼肉一边用饭勺打散,一边与米饭搅拌均匀。装盘,根据个人喜好配上适量咸菜。

竹笋芝麻酱汤的制作方法

材料　2人份

水煮竹笋(根部)……100 g
白芝麻……50 g
高汤……2杯
花椒芽……适量
味噌……2大勺

E 210 千卡　T 20 分钟

做法

1. 将白芝麻倒入煎锅中,用中小火翻炒至能闻到芝麻的香气。然后将白芝麻转移至研钵中充分研磨,直至看不到完整的芝麻颗粒。

2. 将水煮竹笋切成扇形的片。

3. 锅中倒入高汤,开中火加热,待汤汁温热后加入味噌,搅拌至溶解,加入步骤1的白芝麻碎。舀取少量汤汁倒入研钵中,摇晃后倒回锅中,以保证没有白芝麻浪费。

4. 加入竹笋片后再煮一会儿,关火。将汤倒入餐具中,放上花椒芽,使其漂浮在汤上。

反卷寿司

这道反卷寿司，是我用英文给外国客人介绍的第一道料理。所以每当做起这道料理，我总能回想起当时为了说并不熟练的英语而吃尽苦头的经历。和普通的紫菜卷寿司相反，这道反卷寿司是紫菜在里、米饭在外，最后在米饭表面沾上满满的芝麻。

为了适应外国客人的口味，寿司里面放的不是生鱼片，而是牛油果和蟹肉棒。我还试着在一个个小小的餐盒里装入 1 人份的寿司，既方便食用又很温馨。

材料　6 根

大米……400 ml（2 杯）

鲜榨酸橘汁……1 大勺（用 1 个青柠榨取）

蟹肉棒……9 根

牛油果……1 个

绿紫苏叶……11 ～ 14 片

迷你黄瓜①……6 根

烤紫菜（完整的片状）……3 片

白芝麻、黑芝麻……各适量

芥末酱、酱油……各适量

蛋黄酱……约 1 小勺

寿司醋

> 醋……1/2 杯
> 砂糖……2 大勺
> 盐……1 小勺

E 460 千卡（1 根蟹肉棒与牛油果口味的寿司）

E 300 千卡（1 根黄瓜口味的寿司）

T 50 分钟②

① 长度为 10 cm 左右的小黄瓜。如果买不到，将较粗的普通黄瓜切成长度相等的 4 段亦可。

② 大米淘洗后放置沥干的时间、煲饭时间除外。

做法

制作寿司饭

1. 将大米洗净，放置约 15 分钟沥干，再放入电饭煲内胆中，加入等量的水，将米饭焖得较硬。

2. 制作寿司醋。在碗中放入寿司醋材料，充分搅拌，直至完全溶解。

3. 在刚刚焖好的米饭里加入寿司醋，用饭勺搅拌均匀，再浇入鲜榨酸橘汁并搅拌均匀。

制作蟹肉棒与牛油果口味的反卷寿司

4. 将牛油果去皮、去核后纵切成 8 ～ 10 等份。取 5 片绿紫苏叶，分别纵向一分为二。烤紫菜亦对半切开。取一张烤箱用纸，剪得比烤紫菜稍大。

5. 在卷席上依次铺好烤箱用纸、半片烤紫菜。将 1/6 份寿司饭均匀平整地铺满整块烤紫菜。（图 a）

6. 将步骤 5 的材料翻面。（图 b）

7. 在烤紫菜中央稍靠近自己的位置放置一列牛油果条，再叠上 3 ～ 4 片半片的绿紫苏叶，将蛋黄酱在绿紫苏叶上挤成一条。（图 c）

8. 在绿紫苏叶上放上 3 根蟹肉棒（和牛油果条一样，都摆放得从寿司两端稍稍露出为宜）。将所有食材卷在一起，卷到最后时轻轻向下挤压。（图 d）

9. 边卷边揭开烤箱用纸，不让纸卷进去，用卷帘卷至最后的边缘。（图 e、f）

10. 在一个平底盘中铺满白芝麻，将步骤 9 中的寿司卷在其中滚一圈，使其表面沾满白芝麻。（图 g）

11. 其余两根用同样方法制作。

制作黄瓜口味的反卷寿司

12. 完成上述步骤 6 后，在烤紫菜中央铺上 2 ～ 3 片绿紫苏叶（不切），以及 2 根迷你黄瓜（将两端露出的多余黄瓜切掉）。按照步骤 8 ～ 9 的方式卷起寿司，用步骤 10 的方式沾上黑芝麻。

13. 其余两根用同样方法制作。

14. 将每一根寿司分别切分成 6 等份（先从正中间对等切分成两段，更易掌握间距。为了不压坏寿司的形状，宜选用锋利易切的菜刀。切的途中用沾水后拧干的湿布擦拭刀刃使其不黏糊，便能切得更顺手）。最后装盘，搭配适量芥末酱、酱油等即可。

a

b

c

d

e

f

g

简单不费力的糕点

　　我开始做糕点，是在孩子出生以后。哪怕只能做一点儿，也想尽量让孩子吃到安全放心的糕点。但我没有专门学习过糕点的制作，于是一边询问有经验的朋友，一边看书学习，终于做出了一些自己在家也能做的糕点。

　　孩子们总是撒娇说"我现在就想吃"，所以我做的都是任何时候都能立刻做出来的简单的糕点。尽管糕点做法简单，但孩子们都说好吃，这种鼓励支持着我一直做了下来。如今，每当我的孙儿们来家里玩儿时，给他们做一些曲奇饼干、蛋糕就是一件十分快乐的事情。

　　我在这里介绍的糕点，制作时不需要准备什么特殊的材料，所以当你想现在就做时，就请毫不犹豫地开始尝试吧！顺便说一下，很久之前我给自己做的奶酪蛋糕取的名字就是"不会制作失败的奶酪蛋糕"。

浓郁布丁

　　我的孩子们都很喜欢吃布丁，于是我也尝试着做了各种口味的布丁。这里介绍的这道布丁不需要烤制，而是使用明胶让布丁凝固，因此制作起来也十分方便。为了吃起来有黏糊糊的口感，可以稍稍减少明胶的用量，使布丁刚刚凝固即可。布丁作为饭后甜点端上餐桌，总是让大家很开心。

材料　4～6个

布丁

明胶粉……1袋（5 g）

鸡蛋……2个

蛋黄……3个

牛奶……$1\frac{1}{2}$杯

细砂糖……50 g

香草豆荚……1/2根

鲜奶油……1/2杯

焦糖酱

细砂糖……50 g

煮沸的水……1/4杯

E 230 千卡（1个）　T 30 分钟①

①放入冰箱中冷藏凝固的时间除外。

做法

制作布丁

1.取一个较小的容器，倒入2大勺清水，加入明胶粉，轻轻搅拌后放置一会儿，将明胶泡软。

2.在锅中加入牛奶与细砂糖。划开香草豆荚，取出豆子，将豆子与豆荚一起放入牛奶锅中，用较弱的中火加热。

3.加热至快要沸腾之时关火，倒入步骤1中的明胶使其溶解，加入鲜奶油后继续搅拌。

4.在碗中磕入鸡蛋，将全蛋液与蛋黄混合，用打蛋器仔细搅打但不让其起泡，制成蛋液。

5.在蛋液中加入温热的步骤3的液体并充分翻拌，用细目滤网过滤一次，使其口感顺滑。

6.另取一个大碗盛满冰水，将步骤5的液体连碗一起放入其中，边冷却边搅拌。待稍稍变得黏稠后，将液体倒入保存容器（因为不使用烤箱，此处使用的容器非耐热器皿亦可）中，放入冰箱中冷藏3小时以上，使其凝固。

制作焦糖酱

7.在小锅中加入细砂糖及1小勺清水，开小火加热。待糖浆稍稍变色后，摇一摇锅并继续用小火加热2～3分钟，使糖浆变成焦黄色。关火，将煮沸的水分2～3次加入（此时糖浆容易飞溅，小心烫伤）。摇晃锅内糖浆使其混合均匀，然后将其放在室内，使其冷却至室温。

8.在食用布丁前，将焦糖酱浇至布丁上即可。

材料　4 块（直径 12 cm）

A | 低筋面粉……100 g
  | 泡打粉……1 小勺

鸡蛋……2 个

细砂糖……30 g

原味酸奶（无糖）……1/2 杯

牛奶……1/4 杯

糖粉……适量

枫糖浆……适量

色拉油、黄油……各适量

E 239 千卡（1 块）　T 30 分钟[1]

①酸奶去水时间除外。

准备工作

· 在大碗中叠放上笊篱，再铺上厨房纸巾，倒入酸奶。盖上保鲜膜后放入冰箱中放置一晚沥干。当天沥干的话，放置 1 小时以上即可。

做法

1. 将鸡蛋的蛋黄与蛋白分离。

2. 在蛋黄中加入 10 g 的细砂糖，用打蛋器充分搅拌。加入去水酸奶与牛奶，搅拌均匀。

3. 将 A 料混合均匀后筛入步骤 2 的材料中，用橡胶铲翻拌混合。

4. 将剩下的细砂糖加入蛋白中，用手动或电动打蛋器将蛋白充分搅打起泡，直至蛋白泡可以直立。

5. 在步骤 3 的材料中加入 1/3 的步骤 4 的材料，迅速翻拌混合。继续加入剩下的步骤 4 的材料，快速翻拌以保持泡沫不消失。

6. 取较小的煎锅，开火，倒入适量色拉油或黄油加热，将 1/4 的步骤 5 的材料倒入锅中，摊成薄饼。将火稍稍调小，待薄饼四周烤焦之后将其翻面，烤至内部也充分受热。其他 3 块薄饼用相同方法烤制。

7. 将烤好的薄饼装盘，抹上适量黄油，撒上糖粉，根据个人喜好浇上枫糖浆即可。

松软烤薄饼

　　在我的孩子们还很小的时候，我每个周末的早上都会给他们做烤薄饼。几年前，我无意中发现在面团里加入去水酸奶，薄饼烤出来会更加蓬松。于是这道料理就变成了我家里的招牌点心。清早吃上配了满满黄油与枫糖浆的烤薄饼，便又是元气满满的一天。

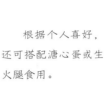

根据个人喜好，还可搭配溏心蛋或生火腿食用。

不会制作失败的奶酪蛋糕

　　这道奶酪蛋糕我做了很多年，从来没有失败过，只要将食材按顺序混合均匀，谁都能做得很好吃。

　　这道奶酪蛋糕口味轻甜、口感不腻，在不怎么爱吃甜食的人当中也很受欢迎。

　　即使将它冷冻保存，它的口味也不会发生改变，所以我家通常都是一次性做很多存放起来。突然有客人来时，立刻就能从冰箱里拿出来招待客人，它真是家里的宝物。

　　把它作为礼物送人的时候，我总会在旁边装点上香草做成的花束。

材料　1个（直径18 cm，无底，圆形）

奶油奶酪……200 g
全麦饼干……100 g
黄油①……30 g
细砂糖……1/2 杯（90 g）
鸡蛋……2 个
鲜奶油……1 杯
低筋面粉……3 大勺
柠檬汁……1 大勺
糖粉……适量
E 2910 千卡（全部分量）
T 1 小时 10 分钟②
①含盐、不含盐均可。
②蛋糕散热冷却的时间除外。

准备工作

· 将奶油奶酪放进碗中，室温下软化。
· 黄油也在室温下软化。
· 在模具的底部和侧面放上烤箱用纸。
· 将烤箱预热至 160 ~ 170℃。

做法

1. 将饼干放入保鲜袋中，用擀面杖将其敲碎，加入黄油后摇晃均匀。

2. 将饼干混合物倒入模具底部，将保鲜袋翻过来套住手，从上至下将食材压紧，然后连模具一起放进冰箱中保存备用。

3. 将奶油奶酪用打蛋器搅打至细腻柔滑，依次加入细砂糖、鸡蛋，继续搅打至颜色变白。

4. 加入鲜奶油，继续充分搅打。

5. 筛入低筋面粉，使用橡胶铲将食材翻拌均匀，加入柠檬汁后继续翻拌。

6. 将面糊倒入装着饼干的模具中，将模具在台子上轻敲 2 ~ 3 次以排出空气，盖上盖，放进预热好的烤箱里烤 40 ~ 45 分钟。

7. 将奶酪蛋糕从烤箱中取出，待余热散去后从模具中倒出放凉，用筛子轻轻筛上糖粉，切成方便食用的大小后装盘。

　　因烤箱机型不同，烤制效果亦不同。请根据烤制状况调节时间，以烤至蛋糕表面带微微黄褐色为宜。蛋糕从烤箱中取出冷却时，中部会凹陷下去。

苹果点心比萨

当突然有些想吃甜食时，我就会买商店里卖的比萨饼坯，来做这道比萨。苹果的酸味与戈贡佐拉奶酪的咸味融合在一起，是一种大人会爱上的成熟味道。而蜂蜜的甘甜又与白葡萄酒相得益彰。

材料　1 个（直径 22 cm）

比萨饼坯（市面购买，薄饼型）……1 张

苹果……1/2 个

戈贡佐拉奶酪……1 大勺（20 g）

蜂蜜……2 小勺

细砂糖……1 大勺

黄油……约 10 g

E 440 千卡（全部分量）　T 20 分钟

准备工作

·将烤箱预热至 250℃。

做法

1. 将比萨饼坯放进烤箱里烤 4 ~ 5 分钟至微微变为焦黄色。

2. 将黄油切成小块。苹果带皮洗净，对半切开，去核后纵切成薄片。

3. 将烤好的比萨饼坯放在烤箱用纸上，将苹果片呈放射状摆放在饼坯上。

4. 将切好的黄油块摆在比萨饼坯边缘。（图 a）

5. 将戈贡佐拉奶酪撕碎后均匀撒满整块比萨生坯。

6. 均匀浇上蜂蜜、撒上细砂糖后将比萨生坯放入预热至 250℃ 的烤箱内烤约 10 分钟，至其表面稍稍烤焦即可。

a

为了保证比萨的口感，注意不要重叠摆放苹果片。多余的苹果片无须勉强摆放，直接拿起来吃掉吧！

香味
戚风蛋糕

　我在还没成为料理家之前，就曾做过无数次这道戚风蛋糕。我只想着要把戚风蛋糕做到最美味，便一直坚持做了下来。这如今也成为我做糕点时的精神寄托。

　这道戚风蛋糕甜度适中、香料丰富，与葡萄酒也十分搭配，是我的得意作品之一。我也会烤戚风蛋糕来作为拍摄道具或是送朋友的礼物。

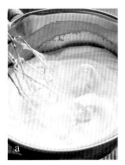
a

b

c

d

材料　1个（直径21cm）

低筋面粉……1大杯略多（120g）

泡打粉……2小勺

鸡蛋（大）……6个①

细砂糖……约3/4杯（130g）

糖粉……适量

色拉油……1/3杯

A　肉桂粉……1/2大勺
　　多香果粉……1小勺
　　丁香粉……1小勺
　　茴香籽……1大勺

E 2100千卡（全部分量）　T 1小时10分钟②

①如果做中等大小的蛋糕则用7个。

②蛋糕冷却时间除外。

由左上起按顺时针方向依次为丁香粉、肉桂粉、多香果粉及茴香籽。

准备工作

· 将烤箱预热至170℃。

做法

1. 将鸡蛋的蛋黄与蛋白分离。

2. 将蛋黄打散，加入一半细砂糖，用打蛋器将其充分搅打起泡。再依次加入色拉油、1/3杯水后，充分翻拌混合。

3. 将低筋面粉、泡打粉混合后筛入处理好的蛋黄中，迅速翻拌均匀。加入A料，用打蛋器搅打至面糊顺滑柔软。

4. 另取一个碗倒入蛋白，用打蛋器搅打至稍稍起泡后加入剩下的细砂糖，继续搅打至泡沫细腻并可以立起的状态。（图a）

5. 在面糊中加入1/3打好的蛋白，用橡胶铲翻拌均匀，再将剩下的打好的蛋白分两次加入，手速较快地翻拌均匀，直至白色部分消失不见。（图b）

6. 将面糊从较高处倒入戚风蛋糕模具中。（图c）

7. 将整个模具在料理台上"咚咚"地敲击几次，排出空气后放入预热至170℃的烤箱内烤40～50分钟。

8. 从烤箱内取出模具，将模具倒置（在模具中心位置放置一个杯子将其撑起来，以免闷坏蛋糕），放置数小时使蛋糕充分冷却（蛋糕冷却后若需长时间在模具中放置，需在表面盖上保鲜膜）。（图d）

9. 在模具和蛋糕间插下小刀，在尽量不划伤模具的情况下，将小刀贴着模具内壁划上一圈，使蛋糕与模具脱离。用相同方法使用小刀将蛋糕与模具的中心部分和底部分离。根据个人喜好，将糖粉装入撒粉罐中，筛在蛋糕上。将蛋糕切成小块食用即可。

戚风蛋糕，我的原点

　　我与戚风蛋糕的初次相遇，是住在附近的德国传教士太太教我做这道糕点。比一般的蛋糕要大很多，正中间镂空，口感异常松软……"原来世界上还有这样的蛋糕！"那时惊讶的心情我至今都记忆犹新。那时候，市面上还没有卖戚风蛋糕模具的，我就定做了一个，然后自己无数次练习制作蛋糕。那个如今已变旧的、大大的模具，我依然非常喜欢使用。

巧克力布朗尼

因为忘不了在伦敦市场里遇到的布朗尼，我回到日本后无数次尝试制作，终于做出了自己喜欢的味道——微微有些浓郁，偏向大人们喜欢的成熟味道。

材料　1个（15 cm×15 cm，方形）

巧克力（苦的）……150 g

核桃仁（烤制）[①]……50 g

黄油（无盐）……100 g

细砂糖……120 g

鸡蛋……2 个

杏仁粉……50 g

可可粉……适量

A｜低筋面粉……40 g

　｜可可粉……10 g

E 3020 千卡（全部分量）　T 1 小时[②]

①如果使用生核桃仁，就先用160℃的烤箱烤约 5 分钟。

②布朗尼冷却时间除外。

准备工作

· 将黄油在室温下软化。

· 将烤箱预热至 160℃。

· 在模具内侧铺上烤箱用纸。

做法

1. 将巧克力切碎后放进碗中，用隔水加热的方法使其化开。将巧克力液转移到另一耐热器皿中，盖上保鲜膜，用微波炉（600 W）加热约 1 分钟。

2. 将核桃仁切碎。

3. 在碗中放入黄油，搅拌至柔软后加入细砂糖，用打蛋器搅打至呈白色。

4. 将鸡蛋一个一个地磕入并翻拌均匀，再加入步骤 1 热好的巧克力液混合均匀。

5. 加入杏仁粉，将 A 料混合好后筛入其中，用橡胶铲充分翻拌均匀。在粉末还未完全溶解时，加入核桃碎，轻轻翻拌均匀。

6. 将所有材料倒入模具中并抹平表面。在料理台上垫上抹布，将模具稍稍抬起再"咚咚"地敲击在料理台上，使空气排出。

7. 将模具放入预热至 170℃的烤箱内烤 35 ~ 40 分钟（在蛋糕表面呈稍稍柔软的状态时关闭烤箱，待冷却后蛋糕会变得紧致）。

8. 烤好后从烤箱中取出布朗尼，待其散热后将其从模具中分离出来，放在烤网上冷却，盖上保鲜膜使其口感变得温润紧致。根据个人喜好将布朗尼切成适当的大小，并撒上适量可可粉。

俄罗斯曲奇饼干

　　我家附近有一家蛋糕店，我很喜欢里面的曲奇饼干，因此我也仿照着自己做了起来。在中间挤上些果酱，烤出的曲奇饼干样子可爱极了。刚烤出来的和冷却之后的曲奇饼干口感不同，但都很好吃！

材料　约 18 块

黄油……120 g

细砂糖……80 g

鸡蛋……1 个

牛奶……1 大勺

木莓酱（或个人喜爱的果酱）……适量

A | 低筋面粉……200 g
　 | 泡打粉……1 小勺

E 130 千卡（1 块）　T 45 分钟[①]

①曲奇饼干冷却时间除外。

准备工作

· 将黄油放进碗中，在室温下软化。

· 在烤盘中铺上烤箱用纸。

· 将烤箱预热至 170℃。

做法

1. 用打蛋器将黄油搅打至化开，倒入细砂糖，继续搅打至呈白色。

2. 依次加入鸡蛋、牛奶，充分搅打。

3. 筛入 A 料，用橡胶铲仔细翻拌至粉末完全融入面糊。（若面糊过度柔软，就将其放入冰箱中冷藏一段时间。）

4. 将翻拌好的面糊倒入装好星形花嘴的裱花袋中，隔着固定间隔，在烤盘中挤出一个个直径 4 ~ 5 cm 的圆形，再在它们的中心位置分别放上 1/2 大勺木莓酱。在木莓酱周围继续挤上面糊，制成曲奇生坯。（图 a）

5. 将曲奇生坯放入预热至 170℃ 的烤箱中烤约 15 分钟，再将温度调至 160℃ 继续烤 10 分钟。将曲奇饼干取出后放在烤网上冷却。

在果酱周围挤上满满的面糊以包裹住果酱。

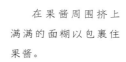

后记

　　我在想菜谱的时候，总是会考虑到第一次烹饪的人。对于那些还没有熟练掌握烹饪技巧的人，我希望他们能体会到烹饪的快乐，能感受到"啊，原来烹饪是一件如此简单的事情"。带着这样的想法，我反复制作，得出我认为能烹饪出美味料理的各类食材与调料的正确分量。尽管如此，那也不过是参考数值。如果按照菜谱做出了可口的味道，那么你的下一步就是尝试改变，做出自己和家人更加喜欢的味道。花心思做出自己独创的美味，亦是料理的乐趣之一。

　　我将每周的星期五定为冰箱扫除日，用那些还没用完的食材做料理，或是将它们做成周末料理的备用菜，不让它们浪费掉。这个习惯也是料理的乐趣之一，与此同时你还能收获许多新菜谱的灵感。

　　我不仅喜欢烹饪，还很喜欢摆盘。菜肴如何摆放，会让人吃起来更有食欲？我总是带着这样的思考去烹饪。每天都认认真真地做料理，绝不是一件轻松的事情。但只要怀着"今天也要做一顿美味大餐"的心情坚持下去，相信总有一天，你会爱上烹饪。

　　努力学习烹饪，不仅是为了家人，也是为了自己。这样想着，你便会发现，烹饪这件事情会比你想象中更加令人快乐。